养狗宝典
10天 养成狗狗好习惯

文建国 著

U0191622

人民邮电出版社
北京

图书在版编目（CIP）数据

养狗宝典：10天养成狗狗好习惯 / 文建国著. --
北京 ：人民邮电出版社，2023.12
ISBN 978-7-115-60677-8

Ⅰ．①养… Ⅱ．①文… Ⅲ．①犬－驯养 Ⅳ.
①S829.2

中国国家版本馆CIP数据核字(2023)第027190号

内 容 提 要

主人和狗之间不仅是简单的喂养关系，主人还需要与狗建立起人与宠物的和谐关系。许多人养狗都是从幼犬开始养的，初时难免慌乱。本书为了让新手主人养幼犬不慌乱，按照时间顺序，教新手主人训练出身心健康的乖狗。

本书分为三篇。在"准备篇"中，从选狗开始，为想要养狗的人提供了有参考意义的指导——应根据自身的经济情况、家庭环境等条件，选择合适的宠物犬；接下来为读者列出了养狗的常见问题，分析狗的心理，不但指明了问题的症结所在，还给出了相应的解决办法。在"训练篇"中，本书按照时间顺序为新手主人分阶段训练狗提供了参考。最后，在"问答篇"中，本书总结了新手养狗的热门问题，并给出了回答。

本书是一本实用的新手养狗的参考书，适合养狗的新手和想要养狗的人士阅读。

♦ 著　　　　文建国
　责任编辑　　魏夏莹
　责任印制　　周昇亮

♦ 人民邮电出版社出版发行　　北京市丰台区成寿寺路 11 号
　邮编　100164　　电子邮件　315@ptpress.com.cn
　网址　https://www.ptpress.com.cn
　北京九天鸿程印刷有限责任公司印刷

♦ 开本：700×1000　1/16
　印张：18.75　　　　　　　　　　2023 年 12 月第 1 版
　字数：384 千字　　　　　　　　2023 年 12 月北京第 1 次印刷

定价：98.00 元

读者服务热线：(010)81055296　印装质量热线：(010)81055316
反盗版热线：(010)81055315
广告经营许可证：京东市监广登字 20170147 号

前言
PREFACE

这个世界上有两种人，一种是从来不看任何说明书的人，另一种是买了个超简单的组装饭桌都要看了说明书再动手安装的人。我属于后面这种人。

我们很轻易地就能拥有一只狗，把狗卖给或送给你的人可能会简单地告诉你回家后一天喂几顿、多久才能洗澡、多久需要带狗去打针等信息。如果你是第一次养狗，这些简单的信息并不能帮你解决接下来和狗相处的种种问题。我们在拥有一只幼犬时，无法同时获得一本专属于它的说明书，这应该是每一个养狗新手最大的遗憾。

小时候，我每次到书店、图书馆，都会直奔生活类书籍的书架，从犄角旮旯里找到为数不多的关于宠物、水族、植物的书籍翻阅大半天。那时候的我一直非常疑惑：为什么一本讲金毛怎么养的书会和另一本讲拉布拉多怎么养的书如此雷同？大概把其中的名字和照片都换成贵宾后，又可以是一本新书。

当我不断接触和学习狗的心理学，为越来越多的养宠物的家庭成功解决狗行为心理问题后，我越发明白，其实我们所养所爱的狗本质就是"狗"这种动物，无论它的品种、产地、血缘、性别等如何，只要它是一只狗，它就拥有一只狗所应有的动物习性、行为模式、群体特质。而每一只狗又和人一样，各自拥有独具魅力的个性。当我们了解了这些，就能真正和狗这种动物交流，人和狗之间智商的差别、语言的不通，再也不会成为我们和它们之间的鸿沟。

本书共5章，第一章让你了解养一只狗需要面对的种种问题，阅读本章要小心谨慎，一旦不够坚定，很可能就会被劝退，从此不敢养狗了。当你下定决心要养狗后，第二章会告诉你需要准备的一切东西，包括时间、空间、金钱等，让你对饲养一只狗的日常有充分的了解。第三章其实是"狗语翻译教材"，你第一次阅读这部分内容的时候或许会有点迷糊，但是当你和狗相处一段时间之后再次翻阅，你会有很多恍然大悟的瞬间在脑海中迸发。第四章是"幼犬说明书"，从原理到常见误区再到具体操作细节，都进行了详细说明，自你把狗带回家的第一天开始就教你怎么做，阅读后的你肯定不会在家中和狗四目相对、不知所措。第五章是常见的问题与解决方案，方便读者快速查阅并解决问题。

我喜欢写东西，也喜欢拍照，一直很乐于用文字和照片向更多的人分享自己的所思所想，因而我的第一份工作就是互联网编辑。我从小就喜欢饲养各种宠物，从最常见的猫、狗、仓鼠，到很多人压根没见过的各种生物，我都养过，而始终陪伴我的是狗——这一人类最忠诚的朋友。本书算是我这两种爱好结合之后诞生的第一个"孩子"。

在一个短视频以5秒完播率作为评估标准的时代，一本书能被读者静心阅读，就是作者最大的荣誉，感恩我的文字有幸和你在此书中相遇。

——文建国

目 录
CONTENTS

PART ONE

••• 第一部分 •••

准备篇

第一章

◆ ◆ ◆ ◆

CHAPTER ONE

你准备好养一只狗了吗

第一节
决定是否养狗，时间比金钱重要

> **是时候做个决定了!**
>
> 当你翻开这本书的时候，相信你的内心已经蠢蠢欲动，想要养一只心仪的狗了。那么请至少认真看完这一节的内容，再问一问自己是不是真的准备好养一只狗了。

◆ 养狗很花钱，但最需要花的不是钱

"月薪4000元能不能养狗?""每月工资5000元养猫好还是养狗好?"……在网上总会看到大量这类问题。我们的养狗观念确实在逐步改变，很多人已经意识到，养狗不再是喂剩饭剩菜、不驱虫、不打疫苗、让它"自然成长"。特别是面对各种昂贵的狗粮和用品时，很多年轻人会怀疑自己的月薪能否养得起一只狗。

那么，养一只狗每年的花费是多少呢?多份行业报告的数据显示，2019—2020年，家庭养狗的年均消费金额是5500~6500元。这个费用包括了日常的主粮、零食、清洁护理、玩具等消耗品的费用，以及医疗健康的费用。

而根据我观察所得，这只是一只让主人极度省心的小型犬的消费水平。当我把这个年均消费金额分享给广大宠物主的时候，大家的留言都是"我养的是假狗吗?!""起码2倍!""这是前面少了一位数吧?"

一只正常的狗，在主人的悉心照料之下，活12~15年是比较常见的。那么包括购买狗的初始费用，饲养照料狗至它终老，还要它基本健康不生大病，最少要花费8万~10万元，这确实不是一笔小开支。就以我家的玩具贵宾蛋挞为例，目前9岁的它，日常的食物、洗澡美容、驱虫、办证、疾病治疗，粗算花费已经超过了12万元。

养宠家庭中常备的宠物食品和用品

那么养好一只狗，最重要的是准备充足的资金吗？还真不是。

◆ 养宠物狗耗时甚多

不得不说，现在网上的视频很多都具有欺骗性，隔着屏幕都能让你感受到狗的可爱，但对养狗背后的辛苦只字不提。养一只狗，除了日常喂食、遛狗、清洁、护理等要花时间，很多隐性的时间花费是绝大部分新手主人根本没有想到过的。

需要付出大量的时间陪伴宠物

　　总体而言，从考虑养一只狗开始，你需要花时间的事情包括：了解心仪品种的相关信息，学习狗的基础饲养知识，不间断地日常照料（喂食、遛狗、清洁、护理）；疾病、健康问题的处理（生长发育、绝育/生育、定期打疫苗驱虫、肠胃疾病、皮肤疾病、牙齿健康、老年期照料）；突发情况的处理（意外受伤、意外致人受伤、自己出差出游时狗的寄养）；狗的问题行为调整（纠正各种坏习惯）；陪伴/游玩，与狗建立感情；训练狗的技能等。

　　我列了这么一大堆事情，你可能觉得"没有这么复杂吧？"别着急，这只是"武功秘籍的目录"而已，如果连了解这些的时间和耐性都没有，你现在就可以打消养狗的念头了。

◆ 了解心仪品种的相关信息

千万别因为"这只狗看着好可爱"，或者"它看起来好威风"，就觉得这只狗你能养，因此而后悔不已的主人多如牛毛。非常多的新手主人只是通过"颜值"这单一的因素，就决定养某一品种的狗，却完全不考虑这一品种的性格特质、体形大小、运动需求强弱、是否爱吠叫等因素。其实想知道这些，根本不需要花钱，在互联网上动动手搜索一下，你就能看到大量关于心仪品种的信息。查看的过程中，不要只关注它的好，了解饲养它可能带来的一些麻烦和困扰是你更应该做的事。花那么一点点时间去了解这只自己特别喜欢的狗，想清楚自己是否能接受它可能存在一辈子的缺点和麻烦，做好充分的心理准备，花上足够的耐心去解决这些问题，再做出最后的决定。

柯基幼犬，它的小短腿很可爱，但是特别喜欢追咬人的手脚

◆ 学习狗的基础饲养知识

了解完你要养的品种信息之后，你还需要知道养一只狗需要做点什么。我曾经多次听到一些主人反问我："啊？狗需要遛吗？"这样的疑问确实让我非常无语，但我也确实理解这种问题出现的原因。很多人的养狗观念仍然停留在"我给它东西吃，给它地方睡就可以了"，其他一切，不知道就当作不存在。而你需要的基础学习，就是至少认真看完这本书。花读一本书的时间避免在日后养狗的过程中走太多的弯路，这绝对是非常值得的。

◆ 不间断的日常照料

这是每一位主人最容易理解的了。首先是喂食。狗在幼犬期时你需要一天喂食3~4餐，成年后你也需要进行一天两次或一次的定时喂食。别忽略了每天给它清洗饭盆、水盆，这是你的责任。请相信我，你后面会很烦这件事的，甚至懒得洗碗直接喂下一顿。但不清洗饭盆、水盆，狗极有可能生病。

喂饱狗后，就要解决它的排便问题了。幼犬期，你需要不断去对它的排泄物进行清理——是的，不断、随机出现的排泄物。一些幼犬在被宠物店、狗场卖出之前，长期被关在小笼子里，养成了非常糟糕的踩便便、玩便便的习惯。它到了你家里之后，就会成为一个"移动的厕所"，每次拉完之后，它会搞得自己全身都是屎尿，而你会恨不得直接把它丢到"其他垃圾"里。但最终你还是得一遍遍地帮它清理笼子、换洗睡垫、擦拭身体、洗澡吹毛。

狗的唾液，用洗洁精都洗不干净

培养幼犬定点大小便

狗在成年后，你也要每天2~3次带它排便和清理。如果你把狗的习惯教好了，你可以很省心地做清洁，家里也不会有什么异味。如果你的狗习惯到处乱拉，你会因为家里恶臭熏天而痛苦不堪，因每次清理时的恶心而烦躁不安。

成犬在不应该排便的地方乱拉

带狗外出散步是养狗最重要的事情了。根据你所饲养狗的品种和个体的需求差异，你每天要带它外出2~3次，每次30分钟到1小时，否则它可能成为你家中的"破坏王"。很多主人在狗发生了问题之后，听到我的建议，说狗需要外出2次，每次40分钟，他们的下巴都要掉下来了。但是只要你想解决问题，想继续饲养这只狗，不管你工作多忙、上班多早，每天早起半个多小时去遛狗，就是你的责任。

遛完狗回来后，你还需要给狗做脚部和排泄位置的清洁。有些狗很容易尿到自己的脚上，如果不清理干净，除去脏污和细菌，各种皮肤疾病就会随之而来。狗其实还需要每天刷牙；一些品种还要进行细致的泪痕清洁（比熊、博美、西高地白梗、法斗都是需要进行泪痕清洁的典型品种）；狗至少每周应进行一次毛发梳理和体表检查，每月洗澡、清理耳道、挤压清理肛门腺；一些长毛的狗每一两个月就要修剪一次毛发。

遛狗是每个主人的责任

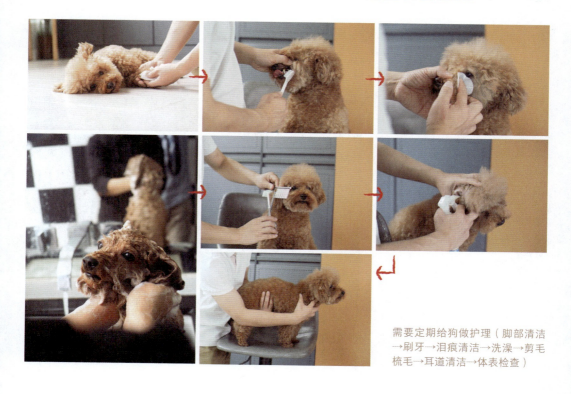

需要定期给狗做护理（脚部清洁→刷牙→泪痕清洁→洗澡→剪毛梳毛→耳道清洁→体表检查）

对于这些事情，你可能会说"很多人都不一定会做"，但这些"至少应该做"的事，如果你该做的时候不做，后果将由你和狗承担，甚至可能导致更痛苦的事——处理疾病、健康问题。

◆ 疾病、健康问题的处理

幼犬第一年通常要打4针疫苗，而次年开始每年至少要打2针疫苗（包括1针必打的狂犬疫苗）。这件事比较简单，你只需要每年记得定时带狗去医院打针就好了，花不了多少时间。

你需要每个月为狗进行一次体内外的驱虫，否则体外的寄生虫会让狗的皮肤出现问题，而体内的寄生虫带来的疾病问题就更多了。相对而言，调好每个月的提醒闹钟，给狗做一次驱虫，已经是最省心的好习惯了。

定期给狗注射疫苗

定期给狗进行体内外驱虫

肠胃问题是任何年龄阶段的狗都可能出现的健康问题。肠胃问题出现的原因包括饭盆没有每天清洗，饮用水没有及时更换，狗粮存放不妥导致变质，换粮带来的肠胃不适应，吃了过多零食或乱吃人类的食物导致肠胃敏感，吞入异物导致呕吐甚至肠梗阻，被其他狗传染了肠胃疾病，甚至单纯是狗粮食用过量导致消化不良、持续拉软便。狗的肠胃问题说来就来，你看它昨天还没什么事，今天就可能持续地拉稀和呕吐。幼犬和老年犬就更容易出现"玻璃胃"，吃了点新东西可能就反应异常激烈。这时候你就会考虑，是带它去看病呢，还是停食呢？或者是喂药呢？不管是问狗友，上网查资料，还是带狗去看医生，你都要花上一些时间去处理狗的肠胃问题，否则看到它天天排便不正常，你肯定是没法安心的。

皮肤病是狗最常见的疾病之一，螨虫、寄生虫、皮屑、真菌皮炎等，除了会让狗的毛发脱落，皮肤发红、溃烂结痂，可能还会让狗发出极其难闻的异味，更会让狗瘙痒难耐。如果狗的瘙痒问题没有及时处理，任由它自己乱抓乱咬，还会导致狗的皮肤进一步感染和溃烂，影响居家环境的洁净，发出难闻的气味。每周进行毛发梳理和皮肤检查能及早发现问题。尽快给狗对症治疗，并且给它戴上伊丽莎白圈，避免问题进一步恶化，是最省时间的处理方式。

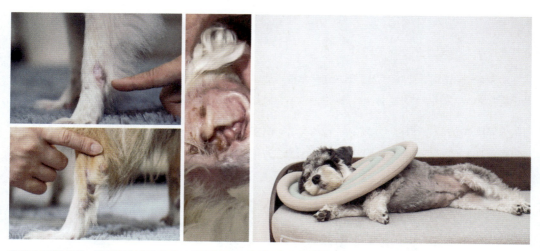

狗身上出现皮炎、耳螨等皮肤疾病时，可以用伊丽莎白圈防止它抓舔

6个月左右是幼犬的换牙期，这时候你需要关注狗的换牙是否顺利，如果有乳齿无法脱落、牙龈发炎等问题，需要进行麻醉拔牙处理。很多人没有坚持给狗刷牙的习惯，会导致狗的牙齿逐渐产生牙菌斑和牙结石，导致牙龈发炎、牙齿脱落。这样在4~6岁时，狗可能就会牙口不好，从而导致食欲减退，甚至出现更严重的疾病。不坚持给狗刷牙，你可能就要为后期的洗牙、拔牙等支付大笔的费用，而狗则可能永远失去健康的牙齿，无法愉悦地进食。我说出这个"可能"，是因为我已经为此付出了代价。

幼犬期时观察它是否正常掉牙，在狗成年后关注它的牙周情况

8个月~1岁是大部分宠物医生建议的绝育期,当然也有很多人基于各种想法不愿意让狗做绝育手术。从行为和健康的角度去考虑这个问题,公犬不绝育,成年后就容易和其他公犬打架,目的是争夺异性和领地;母犬不绝育,在5~8岁就容易出现子宫蓄脓问题,幸运的母犬可以通过手术切除子宫挽救性命(其实也相当于绝育),不幸的发病母犬则会直接死亡。花时间去了解绝育的相关知识,选择一个恰当的时机给自己的狗做绝育手术,能减少很多之后不必要的时间和精力的消耗。是否给狗做绝育手术一直以来都是极具争议性的话题,当然每个主人也有自己的观点与考虑,并没有哪个选择是必然正确的。每个主人都应该综合考虑狗的身体情况、自己的家庭计划、权衡利弊,做出对自己的狗最合适的决定。

当狗逐渐年长,身体机能下降后,可能会出现行走不便、进食困难、无法站立便溺、因身体不适长时间吠叫、长时间躺卧导致皮肤大面积出现问题等情况,但是这并不是一个快速结束的过程。这时的狗就像一位重病的老人,需要你细心照料,才能更好地度过最后的时光。这段既让人难过又无法回避的日子,只有你能用心陪它走完。

绝育与否需根据狗的情况决定

年纪大的狗身体机能下降

◆ 突发情况的处理

在养狗的过程中,会出现很多突发情况,你可能需要花费不少时间去处理。其中,受伤就是一种很典型的情况。无论是你的狗因打架受伤,还是你的狗突然被吓到、扑倒别人、咬到别人,这些意外都需要你花费很多的时间去处理,这个过程更让你觉得心烦气躁。除此之外,你会发现自己变得非常不自由,比如很想和朋友们出个远门,看看诗和远方,但又不舍得寄养家里的狗,只能放弃旅程;春节难得回老家一趟,还得想尽办法把狗一起带回去,否则将它放在宠物店十天半个月,除了费用不菲,还思念成灾;父母要来你家住两个月,结果他们怕狗,安排和处理相应的情况也会让你非常头痛。而这些情况只要发生了,你就无法回避,必须设法处理。

将狗送去寄养

◆ 狗的问题行为调整

　　世界上不存在完美的狗，正如不存在完美无瑕的人。每只狗或多或少都有一些行为问题，会给城市家庭的养宠生活带来困扰。例如你上班后，狗因分离焦虑而持续吠叫，导致你被邻居投诉，这会让你每次上班都提心吊胆，周末都不敢外出游玩。又如你的狗对其他狗或人极度不友好，只要外出就朝陌生人或其他狗吠叫，你根本不敢在正常时间段带狗外出散步。我接触过非常多只有在晚上12点后或者凌晨5点才敢遛狗的主人。若对这些问题行为不做纠正，你的日常生活中会持续出现矛盾冲突，让你耗时又揪心。而下定决心进行调整后，你同样需要花费时间，包括选择学习的机构、匹配的书籍或视频，然后花时间去学习，再花时间去对狗进行持续的训练巩固。要知道，将狗已经养成的坏习惯纠正过来，是非常需要时间和耐性的。

狗的良好行为需要花时间引导

◆ 陪伴/游玩，与狗建立感情

　　前面做了那么多事，终于到了很多人最想通过养一只狗获得的美好时光了。我们养一只狗，可不是为了给自己找一堆事去做。我们想得到的，不就是那个萌萌的小可爱和我们愉快地玩耍，对我们撒娇和亲近吗？每天花上一些时间，和它好好玩耍，不管是喂零食，还是追球、接飞盘，都是非常好的互动游戏。在陪伴的过程当中，狗会更信任你、喜欢你，你也会越来越了解狗的特质、行为、需求，在这个过程当中帮助狗消耗精力，让它的生活不是只有进食、排便和等待你回家。在天气好的周末，你还能带它去一些狗乐园玩耍，或者带它到安全的公园，让它在大草坪上奔跑、晒太阳。有了前面诸多的时间付出，你将持续拥有这些美好的时光。

陪伴、游玩，与狗建立感情

◆ 训练狗的技能

相对而言，这是我认为最不需要刻意花费太多时间的事情了，但是很多主人特别喜欢做这件事，这也并无不可。我们经常可以在各种视频平台上看到很听话、很乖巧的狗。当自己养一只狗的时候，也会想把它训练得像"别人家的狗"那样听话，让它懂得听各种指令，会帮自己拿各种东西。不过首先你要知道，很多火爆的聪明狗视频是摆拍和剪辑制作的结果，并不真实。狗确实可以学会很多指令、技能，但你需要花费很多时间和耐心去训练它。你需要寻找正确的训练方式，每天进行短时间、多次数的训练积累（长时间的连续训练会让狗厌烦），这样才能让狗掌握各种技能、技巧。而这些技能和技巧，更多的只是你炫耀的资本，对你们的相处并没有什么本质的提升或改善。因此这个时间是否需要花、是否值得花，就因人而异了。

狗装死的技能，也许只有让你炫耀的作用

◆ 时间和耐心，是你给狗最好的礼物

我们想拥有聪明可爱的狗，想得到狗的忠诚伴随，那就需要对狗有所付出。想养好一只狗，花钱、耗时、费心，是我们必然要面对的。正是在这样的过程中，我们才会和狗建立深厚的、无可替代的感情，这种连接着主人和狗的情感纽带，不是通过单纯的金钱消费，或者无感情的照料能获得的。

每次主人发现狗有问题，给自己的生活带来麻烦时，我们都会告知主人需要花时间遛狗，花时间调整，但我们也总会不断听到一些狗主人说："我真的没有时间。"如果你真的没有时间，那最好不要养狗，不是你的狗要求你去养它的，把它带回家是你的选择和决定。成年人做了选择就要担责任，这是最基本的做人准则。对待一个值得珍视的生命，我们更应该做到这一点。狗不会在乎我们是贫穷还是富有，给予狗足够的时间与耐心，就是你对自己的狗最有价值的付出，你也必将因此收获它对你最真挚的爱。

对狗付出时间和耐心，狗会回馈给你真挚的爱

本节小书签

1. 日常的照料琐碎而不能间断，这也是最花时间的事情。

2. 周期性事项不能忘记，设定好闹钟提醒执行，否则容易带来后患。

3. 规律地对狗进行日常检查，及早发现问题。

4. 与狗建立感情，相处和陪伴最重要。

第二节
选择幼犬，性格最重要

性格决定命运，对人如此，对狗亦然

撒切尔夫人曾说过这样一段话：

小心你的思想，它会变成你的语言；

小心你的语言，它会变成你的行动；

小心你的行动，它会变成你的习惯；

小心你的习惯，它会变成你的性格；

小心你的性格，它会变成你的命运。

当然，以上这段话原本是针对人类而言的，但是在狗身上似乎也通用，特别是最后一句"小心你的性格，它会变成你的命运。"

狗与人类不同，但是狗的世界里，同样有思想、语言、行动、习惯、性格，而这5点与它们的命运又是息息相关的。为什么这么说？可以看看下面这个例子。

一名外卖小哥按下门铃，并大声喊："X先生/小姐，外卖到了！"然后家里那只警惕的狗在思想上认为这是一个入侵的敌人，在语言上通过不断吠叫进行警告。接下来门开了，狗看到外卖小哥胆敢进入自己的领地，于是在行动上冲上前进一步警告甚至扑咬，驱逐敌人。正常来说，外卖小哥虽身经百战，也会怕被狗咬，于是果断撤退。狗一看，自己的行动有效！于是形成了每次有外卖小哥到来都坚决驱逐的习惯，而且这个习惯塑造了它对外人不友好的性格，就算是主人的亲朋好友到来，它也一样会凶甚至扑咬。这对于主人来说是不可接受的，因为主人不懂得正确处理狗的这个行为，所以，最终这只狗迎来了被送走的命运。

但是，如果是一只性格温顺的狗，面对门铃声、脚步声甚至是喊声都能泰然处之，那么它将大大减少给主人带来困扰的可能，主人也会对其赞不绝口、加倍疼爱。

这，就是性格决定命运。

◆ 4种性格的狗，分别应该如何相处？

狗生活在人类社会中，人类要考虑它的性格给生活带来的影响，以及自己能否承受这些影响。下面有4种性格的狗，你的狗会是哪种？

1. 性格强势、不受控制的狗

简单来说，这种狗的地位意识较强，认为自己不但比别的狗地位高，连主人都要屈从于自己的威风。出门的时候，这种狗会很自然地带头向前走，若是有陌生人或者其他狗想要靠近它，它可能会吠叫，把别人吓到。

对于这种狗，正确地位的意识养成和服从性训练都非常重要。服从性训练最好从狗小时候抓起，无论是吃饭、睡觉的地点，玩耍的时间和散步的路线等，都由主人来决定，主人要在狗面前树立首领权威。同时，主人还可以通过零食或玩具来诱惑狗，让它知道只有乖乖听主人的话，自己才有零食吃或者有玩具玩。

看上去强势的狗

2. 性格温和、体贴顺从的狗

如果你家的狗是这种性格，那么要先恭喜你，因为你已经迈出了成为优秀"铲屎官"的重要一步。基本上，这种性格的狗攻击性不强，容易服从且有耐心。这种狗常常会跟随着主人，如果主人正在计算机旁边忙工作，它可能会依偎在主人身旁，不会任性地打扰主人。外出的时候，它也不会莽撞地想要摆脱主人的束缚，而是耐心地和主人并排走。

看上去温和顺从的狗

性格温和、体贴顺从的狗，因为对主人高度信赖，所以训练起来可能会比其他性格的狗更加容易。主人也不要忘了在狗完成指令之后，给狗零食和抚摸作为奖励哦！

3. 胆小、缺乏安全感的狗

胆小且缺乏安全感的狗通常会对周围的环境很敏感，情绪很容易受到影响。狗形成这种性格有两个原因。一种是狗在出生后的第3~12周没有受过"社会化"训练，因为这段时间是狗熟悉周围事物的最关键时期。这时学到的什么是安全的，什么是有威胁的，狗可能会记住一辈子。另一种是主人每次离家的时候，都很隆重地跟狗说再见，它每次一听到主人的告别就会变得非常焦虑。而主人回家的时候，一进门就一副跟狗好久不见的样子，让狗更觉得和主人分开是一件非常痛苦的事情。无论哪一种原因，都会让狗变得很不安。

对于胆小、缺乏安全感的狗，主人要对它进行"脱敏训练"，即降低它对于某些事情的敏感度，习惯环境的变化。比如，如果狗害怕打雷的声音，主人可以把雷声录下来，时不时地放给狗听，并用正确的方式引导狗放松，让狗从害怕、排斥转变为接受、习惯。

如果是有分离焦虑的狗，主人平时就要把回家和出门当成一件很平常的事情，不要让狗觉得主人回家是一件很值得兴奋的事情，也不要让狗觉得跟主人分开很不舍。最有效的做法就是，主人在回家或者出门的时候，都不要对狗有过多的关注。当狗冷静下来之后，再给它一些零食作为奖励。

看上去胆小、缺乏安全感的狗

4. 精神涣散、容易分心的狗

这类狗的性格比较大大咧咧，表现为心不在焉、注意力不集中，很容易被周围的事物吸引而抛下正在做的事情。对于这种性格的狗，主人需要对它进行注意力训练。在训练的时候，一开始最好选择安静无干扰的环境，当狗越来越能把注意力放在主人身上的时候，主人再慢慢增加一些能吸引狗的干扰。

看上去精力旺盛、易兴奋的狗

当然，这只是4种常见的类型，在实际生活中我们还可以根据情景和需求进行进一步的细分，性格也不是一个标准化的东西。各种性格和特质混合在一起，才形成我们独有的狗。

◆ 不同场合，应该选择什么性格的狗？

1. 胆小狗看家护院

在农村、工厂这些地方，很多人养狗的主要目的是看家护院，所以需要一些警觉性强的狗，能在出现异样情况的时候，迅速地发出警报通知主人。

这里常有一个误区，很多人以为看家护院一定要猛犬，其实不一定。用猛犬来看家当然可以，因为能震慑坏人。但是也有一个问题——即使是猛犬也存在个体差异。也就是说，如果你养了一只"恶"名昭著的罗威纳犬，但它实际上是很亲人、很温顺的，听到异动不但不报警，反而满心欢喜，看到坏人翻墙而入，反而开心地摇着尾巴迎上去求抚摸，这让主人情何以堪？

还有一个重要的点：猛犬的攻击力比较强，万一它真的对入侵者发动了猛烈的攻击而导致对方死亡，主人是否要承担法律责任？这里暗藏的风险是巨大的。所以为了看家护院，我个人反而比较倾向于选择性格胆小、缺乏安全感的狗，不一定要猛犬、大型犬，它可以是攻击力一般的中小型犬，只要能在有风吹草动的时候做到大声吠叫，向主人发出警报即可。

看家护院的狗

2. 温顺狗任人抚摸

近年来陆续出现了一些"撸狗店"，店里有若干数量的狗供客人观赏抚摸，店主按时间收费。客人主要通过观赏和抚摸狗获得精神上的满足，同时也能减压，这成了一种时尚。而且，这类精神疗愈犬对于治疗抑郁症还有一定的帮助。

我们偏爱毛茸茸的动物，其实可能有两个原因。第一，动物的毛发越长，身体特征就越不明显，动作看起来就越笨拙。这样它们看起来就很像蹒跚学步的小孩子，让人更加怜爱。第二，看到毛茸茸的动物，人们就会想肯定手感很好，都会忍不住想要过去摸一摸。这种冲动其实跟我们喜欢梳理毛发的心理很像。

由于要面对不同的人，且每个人下手的力度、抚摸的方式等不一样，所以这些店里的狗肯定要温顺耐摸，轻易就会发生过激行为的狗，自然是不适合的。

不过大家必须知道，虽然店里的狗的"耐摸程度"比一般的狗要高，但是也会有一个极限，所以一定不要过火。

翻开肚皮任人随意抚摸的狗

3. 军警犬高度服从

服从命令是军人的天职，军警犬也一样。虽然有"犬的服从度是智商的体现"这种说法，但是位于智商排行榜第一的边境牧羊犬，却鲜少被选作军警犬，这在一定程度上说明，服从度并不完全取决于智商。

军警犬肯定是要高度服从主人的，而且是最高级别的服从，并且注意力需要高度集中，所以精神涣散、容易分心的品种不适合作为军警犬。

穿上工作服的工作犬

4. 家庭犬，贪玩好动还是性格温顺？

性格温顺的家庭犬用作陪伴是完全可行的。但除了性格温顺外，还有一部分主人希望自己的狗贪玩好动，因为他们觉得，有"个性"的狗，才能带来更多的笑料和欢乐。

对于年轻人来说，可能更喜欢贪玩好动的狗；对于老年人来说，可能更喜欢性格温顺的狗，毕竟老年人的身体经不起折腾。

那么，你是喜欢性格温顺的狗，还是贪玩好动的狗呢？

◆ 性别对行为也有影响，但不如性格大

公犬和母犬在行为上会不会有所区别呢？答案是肯定的。

有不少朋友在选择狗的时候，会倾向选择一些外形、毛色特别好看的狗。公犬一般比母犬高壮一些，毛量多一点，而且更威武。很多人养公犬，也是因为容易被体型比较大的公犬吸引。

公犬对外界的变化会更快地做出反应，从而在工作方面的积极性更强。而母犬则更为沉稳冷静、专注度高，工作时间和稳定性比较好。用形容智能手机的说法来讲，"高性能"和"高续航"，你可以根据需要挑一个。

在日常行为方面，公犬多数会抬腿小便，这有点令人烦恼。而且，公犬如果没有绝育，可能会有比较频繁的骑跨行为。如果遇到其他公犬，它的好胜心会更强，容易"先发生口角，继而动武"。而母犬一般很少有骑跨行为，一般也不会到处惹是生非。简单来说就是，母犬会乖一些。

边牧公犬和母犬

根据上面所说，性别对行为有影响，但是性别对行为的影响并不如性格大。

这在狗身上同样适用。我见过很多温顺的公犬，一点没有普通公犬那种桀骜不驯的样子。我也见过不少脾气暴躁的母犬，动不动就想要"教训"别人。

所以，虽然性别对狗的行为有影响，但是影响更大的，还是狗的性格。

◆ 如何挑选自己想要的性格的幼犬？

养狗是一件快乐的事情，但也是一件不省心的事情，如果没有选对狗，那么你将要面临的事情可能会令你很痛苦。

1. 成犬和幼犬，你会怎么选择？

养狗除了考虑品种和性别，还要考虑选择成犬还是幼犬，这也会让一些准主人很头疼。

如果养幼犬，首先，幼犬的照顾和问题的处理对于主人来说就是一个严峻的考验。喂养、做清洁、打疫苗、定规矩……哪个不是大学问？另外，如果通过购买获得狗，对于以为"只给它吃的就够了"的新手主人来说，幼犬夭折的概率较高，更不用说遇到奸商买到"星期狗"——本身有暗病，一般购买后7天内就死亡的幼犬。而且幼犬的外形并没有定型，有可能长大了就"长残"了。

刚出生 1 天的幼犬

选择成犬的好处是可以免去很多初期的麻烦，而且它的外形已经定型，好不好看一目了然，有助于新手主人更好地判断是否要养它。领养活动中免费待领养的狗（含流浪狗），是最常见的成犬来源。其实对于流浪狗到底能不能养，答案是肯定能。

各城市经常会有流浪狗免费领养活动

而且，领养流浪狗往往会带来一些惊喜：流浪狗在外流浪还能存活，身体素质肯定是经得起考验的；它们见惯了世面，早已深谙与人类和其他狗的相处之道，会比一般家庭里的狗更懂事听话，也更懂得感恩。不过，建议大家在将流浪狗接回家前，先带它到宠物医院打疫苗，并做好健康检查。

尽管如此，还是有大量的主人选择饲养幼犬，为何？因为幼犬能从小教育培养，长大了会更省心，主人也能陪伴狗度过完整的一生。

通常狗一窝能生好几只，在有选择的前提下，很多人会陷入一个误区，就是只选择热情活泼或者好看的幼犬。其实，这样的幼犬可能会在日后给主人带来一定的烦恼。

2. 观察外形

选择外形好看的狗肯定没错，毕竟爱美之心人皆有之，但是也不要只顾着好不好看，起码要检查一下幼犬的整个身体有没有异样。如果发现有，可以咨询一下专家，看看这种异样的情况是不是暂时的。我有个朋友，他领养了一只狗叫"阿超"，取这个名字是因为它小时候两只眼睛一大一小，所以称为"大细超"（粤语，大小眼的意思）。但它长大后，两只眼睛都长成了相同的大小，并且炯炯有神，什么问题都没有。

在性格方面，很多人倾向于选择热情活泼的幼犬。比如当你走到那窝幼犬附近时，纵使有栏杆拦着，你也发现有一只很热情地站了起来，一边不断地吐着舌头，一边激动地扒拉着栏杆，仿佛在说："选我！选我！"另外一只远没有那么激动，只是静静地坐着看这个陌生人意欲何为。

一群幼犬中的个体会呈现出不同的状态

面对如此热情活泼的萌物，主人接收到的信息明显就是"我喜欢你！"这谁抵挡得了？所以绝大多数新手主人在选择幼犬的时候，就会选择这种热情活泼的类型。但是，在幼犬期非常热情活泼的狗，长大了之后可能会出现一系列的行为问题，比如爱打架、到处扑人、爱吠叫等。而另外那只淡定许多的幼犬，长大后出现这些行为问题的概率就会小很多。

当然，性格是没有完美的，人类如此，狗也一样。那只热情活泼的狗，长大后虽然容易捣蛋，但是可能也会很喜欢和主人玩游戏，带给主人更多的欢乐。而那只淡定的狗，虽然行为问题少，但也可能因为过于安静，使主人的养狗生活显得平淡。所以，根据自己的需求和情况，选择性格适合自己的幼犬才是最重要的。

那么，在挑选幼犬的时候还有什么技巧呢？是只看它够不够热情就行了吗？当然不是。

3. 声音测试

我们可以进行声音测试：在幼犬面前，突然制造一些大的声响，比如用双手拍一个响亮的巴掌。当然，不是打它们，你只需要像在领导结束讲话后那样大声鼓掌就可以了。

这样做的目的是测试幼犬在遇到一些巨响时的反应。而这样做的实际意义是非常大的，因为在现实生活中，常常会出现突然产生巨响的情况，比如外卖小哥敲门（或者按门铃）、门外的小孩突然大声叫喊"我要吃雪糕，我不想上学！"或者是邻居突然吵起架来。

面对种种异响，淡定的狗顶多会被打断一下："咦，什么事？噢，没事了。"而热情活泼的狗则可能会大声吠叫："快来人啊！有人要踢馆啊！！"如果你希望狗看家护院，那么自然会选择热情活泼的那只，而如果仅用于家庭陪伴，不想引起邻里纠纷，那么建议还是选择淡定的那只。

拍打东西发出声音，看幼犬的反应

4. 底线测试

除了声音测试，我们还可以挑战一下幼犬的底线，比如架着它们的胳膊，看它们是不是会激烈挣扎，会不会平静下来，以及多久会平静下来。当然这种抱狗的方式是不对的，因为这样它们会不舒服，但是这是选狗时的必要操作。越快平静下来的那只，性格越淡定温顺，反之就越容易激动反抗。

我们还可以顺势把它们放倒在地，让它们四脚朝天，看它们的反应：是不是会挣扎？多久会平静下来放弃挣扎？因为肚皮是狗身上很脆弱的地方，露出肚皮对于狗来说是不安全的，如果它们能轻易接受我们这样的摆弄，当它们长大后，因为敏感接触而攻击主人的概率也比较低。我们还可以顺便观察，在做以上操作的时候，狗的尾巴是不是夹了起来，并有意遮挡。如果是，代表它对你不够信任，不够放松。如果尾巴没有夹起来，也就说明它对你是信任的。

翻身放置、抱起幼犬看反应

另外，我们还可以试着摸它们的嘴巴，看看它们是不是会出口试咬。对于狗来说，你的手也是"嘴巴"，如果你拨弄它们的嘴巴，它们会用真实的嘴巴"回报"你，那么它们长大后就更有可能热衷于咬你的手脚。当然，摸它们的嘴巴也是为了选择狗而临时采用的操作，当它们长大后，就不要有事没事去拨弄它们的嘴巴了。

这两项操作的现实意义也是巨大的，毕竟养狗免不了要摸狗，而且不仅仅是主人自己摸，有时候亲朋好友也会摸它。要是挑到一只不那么顺从的狗，以后纠正起来可就要更费心思了。

以上就是选择幼犬的一些技巧，你学会了吗？

本节小书签

1. 狗的性格差异巨大，每只的性格都是独特的。

2. 选择幼犬时，应考虑自己的实际需求，寻找性格相对匹配的狗。性格对行为有影响，但并非必然。选择幼犬时亲自用小技巧进行测试，可以提高判断性格的准确性。

第三节
选择不同的狗带来的潜在问题

喜欢一只狗非常容易，饲养好狗却毫不简单，如果在养一只狗之前并不了解它的特质，等到木已成舟才发现不适合自己，那简直是最令人揪心的事情。

世上有千百种不同的狗，别看都是狗，它们之间的差异大得惊人。即使你对品种没有特别的要求，同一品种，不同体形、性别、年龄的狗也是有明显的特质差异的，这对日后饲养生活的影响可谓举足轻重。看完本节内容，你将明白如何选择适合自己的狗。

狗的体形差异可以非常巨大

◆ 大型犬和小型犬怎么选？

1. 大小型犬对比——外形

养大型犬和小型犬当然是有区别的，就从视觉上来说，大型犬在外形上绝对比小型犬令人震撼。人类有审美能力，有追逐美的权利，我从不认为因为外形好看而喜欢上一个人或者一只狗有错。

无论是男生还是女生，牵着一只吉娃娃和牵着一只阿拉斯加在大街上行走，给人的感受是完全不同的。

大型犬带来的安全感自然不用说，最"实用"的就是可以让主人好好地抚摸。没有什么烦恼是抚摸一会儿大型犬不能解决的，如果有，那就再多摸一会儿！小型犬虽然没有那么威猛和好摸，但是它的可爱无可匹敌，牵着小型犬上路，路上的行人都会投来"好可爱啊！"的眼神。一个是好帅，一个是好可爱，人们通常会有不同的选择。

遛大型犬的帅气和遛小型犬的优雅

左为 6 岁小鹿犬，右为半岁杜宾犬

另外，如果考虑饲养大型犬，需要先详细了解你所在地的《犬只管理办法》，全国各地对禁养的大型犬品种、肩高等都有具体的要求，如果购买了禁养犬，则会面临无法办理犬证或者被强制收走犬只的风险。

结论：狗的外形特质差异明显，并无优劣之分，具体如何选择依据主人的喜好而定。

2. 大小型犬对比——食量/住所需求

无论是养一个小孩还是养一只狗，基础的衣食住行始终是最大的开销所在，养狗也要考虑到自己的能力和家庭环境。

大型犬食量大，接近甚至超过成年人的食量，而且吃得多拉得也多，捡便便的时候难以一手"掌握"，所以你要记住，狗吃饭排便是每天必然要发生的事情，大型犬的消耗比一只小型犬多好几倍，你需要提前掂量一下钱包。

小房子里养巨型贵宾，空间会很拥挤

另外，养大型犬最好有大房子，就算不能供它奔跑，也至少要让它行走畅通，不然在家里活动都不便，大型犬可能因为生活空间太小而出现焦虑、拆家等问题。另外，家的附近应该要有比较宽阔的场地，供狗活动，以消耗精力。而养小型犬就轻松多了，它食量小，对饲养环境的面积要求也不高。

结论：就对食量和生活空间的需求而言，小型犬完胜。

大型犬在户外开阔的地方散步

3. 大小型犬对比——性格沉稳度

一只狗是否淡定、沉稳度高不高，很大程度决定了狗遇事反应的激烈程度。

有不少新手可能认为大型犬外形那么威猛，肯定很喜欢吠叫，很喜欢凶人，其实恰好相反，大型犬更沉稳、淡定，不轻易吠叫。而且，大型犬没那么"娇气"，即使受到一些不那么友好的对待，也会默默忍受。庞大的身躯和结实的肌肉，让它们对于接触并不敏感，即使是较大力量的拍打，对它们而言都像挠痒痒，所以平时不小心被碰到、踩到，它们可能眼皮都不抬一下。小型犬则不同，单薄的身体让它们对于人的接触更为敏感，稍微用力的抚摸和拥抱，都可能会让它们感觉不适。而当这种不适经常发生时，小型犬就会对人的接触感到害怕和反感，有人靠近时，小型犬就容易提防，显得一惊一乍。

所以很多时候，主人会更放心让比较大型的狗陪伴自己的孩子，万一孩子有时不小心，用力地拍打了狗，大型犬也只当挠痒痒。如果换成小型犬，说不定小型犬会因为本能的自卫反应，未经思考就咬伤孩子。

小型犬身高上面的劣势，让它们面对比自己高的同类或者小孩子、成年人的时候，会更容易感到巨大压力。所以我们经常会看到，很多小型犬被主人牵着，对着其他狗或者人狂吠不止，其实这是因为它害怕这些体形比自己大的生物，从而高声叫道："你别过来呀！"

大型犬较容易接受较大力量的接触

小型犬感受到害怕而对路人吠叫

　　此外，相对大型犬而言，小型犬更容易焦虑，更容易因害怕而吠叫。听到门口有什么风吹草动，小型犬更容易发出警告的吠叫声，而大型犬可能对此不闻不问。虽然这种情况对于看家护院来说是有帮助的，但是对城市里的养宠生活而言，往往给主人带来的是扰民的噪声和收快递时的焦虑。

　　结论：就性格沉稳度而言，大型犬优胜于小型犬。

小型犬吠门警告

4. 大小型犬对比——工作或协作能力

单纯从狗的学习能力、智商方面去考虑的话，不同品种的狗确实有差异，但是大型犬和小型犬里都有聪明的和笨笨的。如果想要狗学会一些小技巧，或者完成一些工作任务，任何体形的狗其实都是可以选择的。

但是有一些事项，确实需要狗有一定的体形和身体素质才能完成。大量的军警犬选用的是德国牧羊犬，而非一些小型犬，是不无道理的。从体形、耐力等各方面考虑，大型犬在工作和协助主人方面，比小型犬更胜一筹。

以我们的边牧"怡宝"为例，这只聪明的边牧能帮助我们进行狗的管理，能非常准确地听从驯犬师的指令去对不平静的狗吠叫，对逃离的狗进行追猎，对凶恶的狗进行支配、制服。经过长时间的训练，"怡宝"已经是一只合格的"狗驯犬师"了。如果换成一只小型的贵宾——我家的蛋挞，这些工作是没有办法完成的。

不过现代城市家庭，养狗还真没有太多的工作需求。我们有完善的小区管理系统，到处都有安保摄像头，有结实的防盗门，绝大多数情况下并不需要狗看家防盗。陪伴是目前大部分狗的主要工作。单纯考虑陪伴的需要，小型犬则更省事省心，虽然它体形小不能跳跃接飞盘，但是追追跑跑、捡捡球，仍然能给主人带来非常多的乐趣。

结论：单就陪伴功能而言，小型犬更省事省心，若有工作或协作需求，则大型犬更易胜任。

边牧怡宝正在督促狗跑步

小型犬在家里陪主人做游戏

5. 大小型犬对比——运动需求

狗是一种精力旺盛的动物，如果平时运动量不足，充沛的精力无处发泄，狗就很容易出现拆家、乱吠、扑人扑狗、随行暴冲等行为问题。

大多数情况下，狗的体形与运动需求是成正比的。如果你比较懒，适合饲养北京犬、蝴蝶犬、博美犬、约克夏、马尔济斯犬这些品种的狗，它们的运动需求就非常小。但如果饲养边牧、哈士奇、拉布拉多、金毛、萨摩耶、阿拉斯加犬等中大型犬，每天早晚都需要花1小时陪它们外出散步，不然它们的精力完全得不到释放。所以，如果你平时没有什么时间，真的不太建议养大型犬。

也有人跟我说："为什么别人家的边牧就不怎么需要遛，都能乖乖在家待着呢？"通常问我这个问题的人，就是一个不怎么遛狗的主人，他自己的边牧又是在家超级折腾的类型。要知道个体情况差异很大，有人不努力学习还能考上好学校，这并不代表所有人不努力就一定能考上好学校。合理的情况是，一个学生有学习天赋，加上持续努力地学习，才更有可能考上好的学校。对狗而言也是一样的，每天规律、充足的运动消耗，才能让它得到基本的满足，减少各种拆家行为。

大型犬有更大的运动需求

所以，如果你打算养一只大型犬，就要做好每天满足它的运动需求的心理准备，不要妄想无比幸运地养到一只不用遛都超级乖的狗。

结论：狗的运动需求和体形基本成正比，懒得遛狗的主人不要轻易养大型犬。

狗平静地在家中休息

6. 大小型犬对比——清洁护理

对于毛发量巨大、生长更新迅速的狗，日常对它们的毛发进行护理是必要的。它们作为一种全身是毛的动物，对它们进行"洗剪吹"的难度，也有必要作为一个选择狗的依据。

比较大小型犬的日常清洁护理难度，大型犬耗时较长，小型犬耗时较短，这从体表面积上就显而易见。只有真正给大型犬做过清洁护理的人才知道当中的艰辛，一只毛茸茸的阿拉斯加犬，洗澡、吹毛、梳毛至少要3小时才能彻底完成。也别以为拉布拉多的短毛就很容易清洁，它的双层绒毛非常难吹干，洗澡、吹干一只拉拉多至少要花2小时。

但相对而言，大型犬很少需要剪毛做造型，小型犬如贵宾和比熊，如果不定期剪毛做造型就会长得像流浪狗。总之，不同大小和毛发特质的狗在找造型师这件事情上，各有千秋，都不太省钱。

结论：大型犬洗澡、吹毛耗时长、费用高，小型犬做造型价格高，两者不分伯仲。

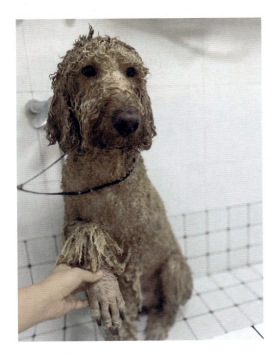

给大型犬洗澡

给小型犬剪毛做造型

7. 大小型犬对比——服从度

服从度，用最直白的语言来解释——这只狗是不是听话。狗的体形是否会影响其聪明度及服从度呢？狗体形不同，大脑的重量也会有区别。有一个实验小组收集了74种纯血统的狗，总计7000多只。研究人员通过测试来测定狗与工作记忆和行动控制相关的认知能力。测试的一个例子就是，把两只杯子倒着放在狗的眼前，在其中一个杯子下藏一些零食，然后在60秒、90秒、120秒和150秒4种时间里，看狗能否记得有零食的是哪个杯子。在通过上述被称为"近期记忆"的测试中，大脑重量大的狗的成绩明显比较优秀。另外，在测试控制能力时，大型犬也表现出了与小型犬不同的控制力，在主人不允许狗吃零食的时候，大型犬更不敢轻举妄动。

当然这只是统计的研究数据，从大数据表现来看，大型犬比较聪明。但实际情况中，小型犬中的贵宾也是很聪明的狗。而就我所接触的上千只狗来看，体形与智商并没有直接的关系。

那么智商和服从度有没有直接的关系呢？答案仍然是没有。对于被誉为最聪明的狗——边牧，如果你能从小对它进行足够好的教育引导，它可以成为一只既聪明，服从度又极高的狗；而如果你从来没有对它进行过管理和引导，它就会把自己的聪明才智用于折腾你，不止拆家、追车、越狱、狂吠这些行为，一只聪明的边牧做起来真的很容易。

真正影响狗服从度的，是它与主人之间的信任和尊重关系，在训练篇中，会有详细的方法教会你如何教养出一只服从度较好的狗。

结论：有实验表明，大型犬相对更聪明，但其实小型犬也有很多聪明的品种和个体，狗的服从度与是否聪明、体形大小并无直接关系。

边牧追车，扑快递小哥

8. 大小型犬对比——寿命

有相关机构通过对74个品种的狗的寿命进行研究后发现，狗的体重每增长2千克，它的寿命大约会缩短一个月，而且绝大部分的品种都非常符合这个规律。狗从出生到成年，其体重会呈较快增长。大型犬身体细胞更新代谢速度快，大量能量被用于生长，因此衰老也就更快。大型犬的快速生长还会让它们更容易患上与肌肉、骨骼以及胃肠道相关的疾病，甚至患上癌症的风险也会增加。有一种理论是说，如此大跨度的生长，必然需要细胞快速、持续地分裂增长，这一过程也会给狗的身体带来更多的负面影响。

从统计数据来看，大型犬的寿命大约是10~12年，而小型犬则可以生存15~18年。相伴一生的宠物总有离开的一天，时间或长或短，是否选择能陪伴自己更长久一点的狗，对一些家庭来说也是一个考虑因素。

结论：大型犬的寿命相对小型犬更短一些。

我养到 15 岁才离开的猪猪

◆ 公犬和母犬怎么选？

1. 公母犬对比——毛色/体形

有不少朋友在选择狗的时候，会更倾向于选择外形、毛色特别好看的狗，我认为根据自己的喜好来选择，这完全没有错。而如果要在这个方面追求得更加"极致"一点，公犬和母犬还是有一些区别的。

因为自然界的神奇规律，公犬的体形比母犬的大一些，公犬也比母犬高壮一些，毛量多一点，而且更威武。比如就著名的德国牧羊犬而言，不少朋友都更倾向于选择公犬，因为公犬的毛色和体形会更漂亮。很多人养公犬，就是被较大的体形吸引了。

结论：在毛色、体形方面，公犬优胜。

左边是雄性边牧，右边是雌性边牧

2. 公母犬对比——兴奋度/稳定性

公犬相对比较大胆而且更容易兴奋，对外界的条件变化会更快做出反应，从而在工作方面的积极性更强。相对于公犬的兴奋，母犬则更为沉稳冷静、专注度高，工作时间和稳定性比较好。如果你喜欢带着狗外出游玩，公犬比母犬更合适；而如果你需要狗更多时候待在家里，陪伴老人和小孩，则母犬更合适。

结论：公犬兴奋度相对较高，母犬稳定性相对较好。

3. 公母犬对比——占地盘/骑跨行为

遛狗散步时，母犬可能只有一两泡尿，清空膀胱就完事了。而公犬一泡尿要分成20次左右来完成，电线杆下、汽车轮胎旁、墙角，它都想抬腿留下自己的气息，因为它需要让其他同类知道"这里我来过，是我的地盘"。而如果主人很少外出遛狗，一些公犬就会在家中进行尿液标记，让家里到处都是它的尿味，真不是愉快的体验。

公犬的标记行为

一只没有绝育的公犬，在路上遇到另一只没有绝育的公犬，发生冲突的概率是非常高的。它们四目相对之后一言不发就可以开打，有过一次这种经历的公犬，在往后的日子里看到其他公犬时，会表现出更为强烈的争斗欲望。

这种领地意识，一些强势的公犬还不只在户外表现，主人在家中如果没有给它设定规则和界线，它会把整个家都当作自己的领地。情况好一点的，当有快递小哥敲门时，它会狂吠不止；情况糟糕的，主人去坐它正在睡的沙发，它都要咬主人一口。

很多人会将狗的骑跨行为理解为发情、需要交配，其实这是错误的解读。狗对其他狗、人的脚或者身体、玩具等进行骑跨的行为，并不一定是发情，而是它们向对方表达"我可以这样支配你的身体"的行为。也并不是只有公犬才会做这

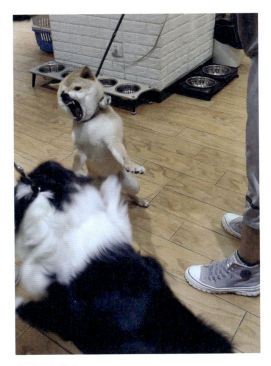
两只公犬打斗

件事，一些强势的母犬同样会做出骑跨行为，但是相对而言，公犬发生这种行为的概率高很多。

结论：公犬的基因决定了它有更强的领地意识和侵略欲望，从而表现出更频繁的标记、打斗、骑跨等支配行为，母犬的这些行为相对少很多。

公犬的骑跨行为

◆ 长毛和短毛怎么选？

在我眼中，每只狗都很独特、美丽，不管是什么品种、什么大小、什么毛色、毛发长短如何。对于新手主人而言，毛发的长短和是否掉毛都是选择狗时需要考虑的因素。

狗的毛发特质其实有很多细节差异，并不是只有长短、颜色之分。毛发的长短是最容易观察到的特质，而直毛还是卷毛、单层还是双层、毛发是否容易掉落，这些差异是可以产生多种不同组合的。例如，边牧身上长着长、直、易掉的双层毛发，贵宾则拥有长、卷、不易掉的单层毛发。

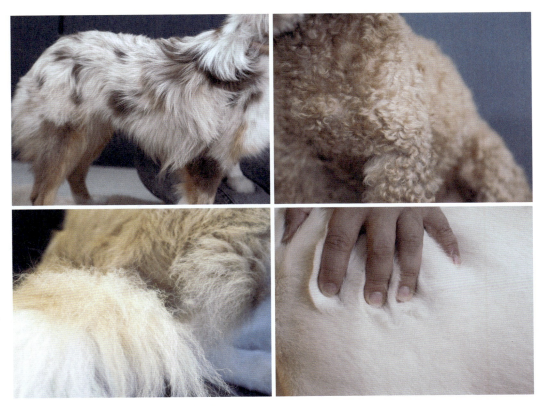

不同狗毛发的长短、弯直、手感都差异巨大

　　千万不要以为法斗、拉布拉多这种短毛狗不会掉毛，毛发很容易打理。其实它们掉毛非常厉害，而且短毛掉下来之后，你没有办法通过扫走的方式把地面、沙发和自己身上的毛发清理干净，只能用吸尘器、胶布等工具吸走或者粘走。相对而言，虽然阿拉斯加、边牧的毛又长又容易掉，但是如果你勤梳理，毛发漫天飞舞的情况是可以控制的，而且掉下来的毛发比较长，容易用扫把扫走。

狗的毛发粘在衣服上

卷毛狗有一个麻烦的地方，就是需要常梳毛，否则毛发容易打结，打结之后就导致皮肤病甚至身体发臭，最后只能进行全部铲毛处理。而双层毛的狗在洗澡吹毛的时候特别费时间，如果不吹干，也很容易患上皮肤病。

结论：长短、直卷、单双层、是否掉毛，这些毛发特质是可以互相组合的。

需要定期给狗梳毛

◆ 品种怎么选？

"你看，那只警犬好帅啊！它是德牧吗？纯种犬？那我以后也要养一只！"

《忠犬八公》里面那只是秋田犬吧，看得我好感动，我也要养一只这样的秋田犬！"

"金毛多帅啊，我要养只大金毛，带出去多帅气！"

"你看《权力的游戏》里面的狼和哈士奇长得几乎一样，养一只哈士奇吧！"

迷上某个名种犬是极常见的情况，总有一些原因让你对一种很有特质的狗心动。但很多人在迷上某个名种犬之后，就只想着找品相好又尽量价格低的狗。至于德牧容易骨质疏松，拉布拉多掉毛很厉害，哈士奇好动、拆家、易兴奋等问题，他们在决定养的时候根本没有考虑过，只是觉得"非这个品种不养"，殊不知越是纯种的狗，其品种特质带来的优缺点会越明显。养柯基，你就要小心它可能喜欢追着你的脚咬；养小泰迪，你就要当心它整天叫不停；养柴犬，你就要对它的固执有心理准备；养法斗，你就要准备天天听它打呼噜和放屁，并且接受它"一年犯两次，每次犯半年"的皮肤病。要知道每一个品种的狗都有着自身的基因带来的行为习惯和身体特质。这些特质并无好坏之分，但它是否满足你的需要，你是否接受它可能的缺点，这才是关键的考虑因素。

了解完上述如此多的角度后，你现在可以明白一件事——我们并不可能找到一只完美的狗。当你因为狗的某个优点做出选择的时候，就意味着你要接受一些不是那么喜欢的特点。

哈士奇

德牧

拉布拉多

柯基

柴犬

法斗

贵宾

金毛

无论选择什么样的狗，它最终表现出来的特性都是有可能通过后天的培养和引导改变的，这与主人的悉心照料与耐心陪伴分不开。主人越用心，狗越讨人喜爱。

需要再次提醒各位新手主人的是，在选择饲养什么狗之前必须慎重，而一旦做出了选择，把狗接回了家，就要对它全面负责，不能半途而废。

本节小书签

1. 养大型犬所需的条件和需求比小型犬偏多。

2. 母犬的行为比公犬更稳定，公犬的外形比母犬更吸引人。

3. 毛发的特质是你选择狗时不容忽略的因素。

4. 不同品种的狗有其特质。

5. 不可能选择到一只完美的狗。

第四节
十大流行品种怎么选？

本节将介绍国内10种最常见的品种，我将为你逐一对比它们的特性，好让你对它们有一个清晰的了解，以便做出更准确的选择。

我们参考了AKC（American Kennel Club美国养犬俱乐部）的信息。此组织成立于1884年，现在已经成为美国最大的犬业机构。

AKC的使命包括：对纯种犬进行登记和保护品种的完整性，批准促进犬类活动的运动，维护纯种犬的类型和功能，采取必要措施来保护和保证纯种犬活动的连续性。也就是说，狗有哪些分类，要进行什么活动，保护纯种犬和对应的活动、比赛，这些都与AKC相关。下面就让我们一起来看看，要参加本次横向对比的是哪些狗。

◆ 十大流行品种横向对比——性格特质

首先我们可以看到，这10种狗分别是拉布拉多、金毛、贵宾（迷你）、柯基、哈士奇、边牧、柴犬、比熊、阿拉斯加、萨摩耶。这也是它们在AKC上的流行度排行名次顺序，不过大家要注意一点，在国内流行的品种，不一定是在AKC上名次靠前的，这个跟国内人们的喜好相关度更大一些。不过，能在AKC排行靠前的，在国内一般也不差，比如在AKC上排名第一的拉布拉多，在国内同样能进前10。

这些狗在性格特质方面，有友好活跃的，也有骄傲的；有淘气的，也有优雅的。但是无论如何，没有好，也没有坏，只有自己喜欢的，以及适合自己的，因为狗天性都很善良。

在国内外都受欢迎的拉布拉多

品种	AKC名次	性格特质
拉布拉多	1	友好、活跃、爱交际
金毛	3	悟性高、友好、忠诚
贵宾（迷你）	7	骄傲、活跃、聪明
柯基	13	聪明、警觉、关爱
哈士奇	14	淘气、忠诚、爱交际
边牧	35	聪明、关爱、精力旺盛
柴犬	44	警觉、活跃、专注
比熊	46	爱嬉戏、好奇、热情
阿拉斯加	58	关爱、忠诚、爱玩
萨摩耶	59	优雅、适应性强、友好

◆ 十大流行品种横向对比——体形

狗小时候的体形差不多，但是长大后就很不一样了。我就见过不少的宠主，养狗的时候完全没有考虑狗长大后的体形，只顾着它小时候可爱不可爱、颜色好不好看；结果狗长大后，就头疼如何和一条大型犬挤在一个35平方米的房间里。

体形		
小型犬	中型犬	大型犬
贵宾（迷你） 比熊 柯基 柴犬	边牧 萨摩耶 哈士奇	阿拉斯加 金毛 拉布拉多

大型犬威猛帅气，小型犬小巧可爱，不同体形的狗牵到街上给别人的特质感知明显不一样。外行人可能以为大型犬那么威猛，肯定很凶，其实以大多数的情况来说，小型犬反而没有大型犬那么"淡定"，小型犬更容易吠叫甚至攻击人。所以如果你想要一只淡定的狗，大型犬的选择会更多一些。不过，作为宠主也要考虑到，大型犬的食量和排便量也更大，如果觉得自己没有精力和条件饲养大型犬，那就千万不要勉强，你可能更适合选择小型犬，如贵宾、比熊。

像毛球的比熊

◆ 十大流行品种横向对比——组别

在AKC中，这10种狗一共被分为4个组，分别是非运动、运动、工作、放牧。当然，有一些品种可能是横跨多个组的，比如拉布拉多虽然被分在了运动组，但是在国内也有大量使用拉布拉多作为导盲犬的案例，也就是说，拉布拉多也可以"工作"。当然，AKC对"工作"的定义是站在对体力有更高要求的基础上，而阿拉斯加、萨摩耶、哈士奇的本职工作都是拉雪橇，自然被分在了工作组里。

萨摩耶可是拉雪橇的工作犬

组别			
非运动	运动	工作	放牧
贵宾（迷你） 比熊 柴犬	拉布拉多 金毛	阿拉斯加 萨摩耶 哈士奇	边牧 柯基

边牧的全称是边境牧羊犬，它是出了名的体力好、聪明的品种，不然怎么做牧羊工作。可是一般人并不知道柯基这种小短腿、大屁股的，其实也可以做放牧工作——牧牛！柯基虽然腿短，但体力和工作能力都不错，要它钻地洞可以，跳高就比较勉强了。牧牛？没问题！

所以，千万不要单以身高就给一只狗或者一个人下定义。

◆ 十大流行品种横向对比——高度/体重

人类选美要看相貌和身材，评判狗的外形也要看高度和体重，当然，可能还要看毛发的颜色，不过这里就先讨论高度（肩高）和体重。下面是这10种狗的高度和体重情况。

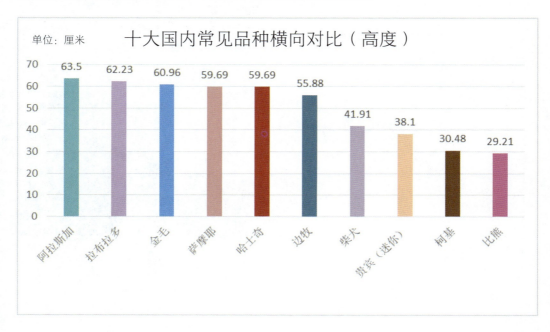

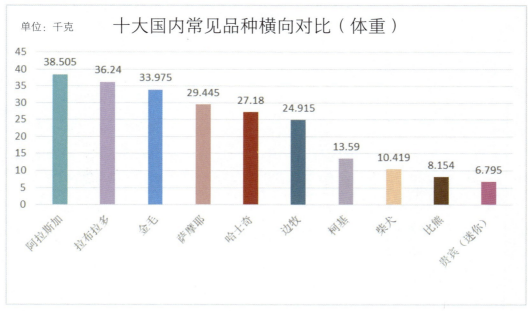

　第一部分　准备篇

一般来说，身高越高，体重越重，这个规律在狗界也基本成立，至少在我们今天讨论的10种狗里，前面6种中大型犬都是这样的（都是阿拉斯加排行第一）。但是在后面，小型犬出现了反转。

在高度排行中，倒数4名的顺序分别是柴犬 > 贵宾（迷你）> 柯基 > 比熊，但是在体重的排行中，竟然是柯基 > 柴犬 > 比熊 > 贵宾（迷你），最明显的就是柯基在体重这一项上，强势拉回了两个名次！

这说明什么问题？柯基输了身高赢了体重，只有一个字可以解释——"胖"！

又矮又胖的柯基

◆ 十大流行品种横向对比——寿命

不管我们如何不舍，狗这种动物的寿命始终比人类短很多，如果可以，选择一些能陪伴我们更久一些的品种，也是一个不错的选择。从排行榜看来，贵宾（迷你）以18年的寿命高居榜首，十分亮眼，而排在榜尾的拉布拉多和金毛则是12年，整整比贵宾的寿命短了1/3。

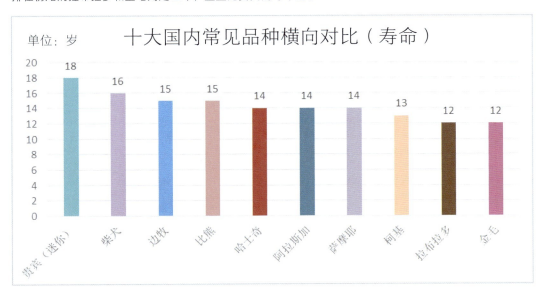

当然，寿命统计的只是一个普遍的理论数值，狗实际的命运还是把握在各位"铲屎官"手中，如果照料得当，狗是可以更长寿的。奉劝各位，把握时光，珍惜眼前。

大型犬的寿命相对比较短（左为巨贵幼犬，右为小型贵宾成犬）

◆ 十大流行品种横向对比——毛发/刷洗

我们来聊些没那么伤感沉重的话题——狗的毛发。一看毛发长度的表格，你会发现居然只有拉布拉多是短毛。没错，毛发短一些更好打理（沐浴液也能省一些）。

毛发长度		
短	中	长
拉布拉多	金毛 边牧 柯基 阿拉斯加 柴犬 哈士奇	贵宾（迷你） 比熊 萨摩耶

但是，如果频繁掉毛，搞卫生可是很令人头疼的。偏偏拉布拉多就是属于经常掉毛的类型，反而长毛的贵宾，竟然是不掉毛的（人家的毛虽然长，但是够卷呀）。

不掉毛的贵宾

掉毛情况			
不掉毛	少掉毛	季节性掉毛	经常掉毛
贵宾（迷你）	比熊	金毛 边牧 阿拉斯加 柴犬 萨摩耶 哈士奇	拉布拉多 柯基

拉布拉多、金毛、柯基等的刷洗频率较高，而贵宾（迷你）的刷洗频率则是"不确定"。这里说的刷洗频率，主要是指梳毛的次数，至于洗澡，在几次梳毛中洗一次澡就可以了。对了，记得不要用人类的沐浴液给狗洗澡，否则会对狗的皮肤造成伤害，要用专用的沐浴液哦。

刷洗频率			
每周1次	每周2~3次	定制	不确定
拉布拉多 金毛 柯基 柴犬 哈士奇	边牧 阿拉斯加 萨摩耶	比熊	贵宾（迷你）

◆ 十大流行品种横向对比——吠叫

狗吠叫是本能，有时候人类会被狗的吠叫困扰，比如骚扰到邻居、影响睡眠、吓到老人等。而一些敏感、胆小，容易有分离焦虑的狗，就更容易吠叫。

是否爱吠叫？		
有需要才吠	一般	爱吠叫或嚷嚷
金毛	拉布拉多 贵宾（迷你） 柯基 边牧 阿拉斯加 比熊	柴犬 萨摩耶 哈士奇

如果希望狗承担起看家护院的责任（有很多人有这种需要），狗有相应的敏感度并会吠叫，的确能对坏人起到震慑作用。从上表可以看出，金毛是最沉稳的，没事不喜欢吠叫，而"雪橇三傻"中，萨摩耶和哈士奇都是喜欢吠叫的。

还是那句话，虽然品种的特性使得吠叫这种行为会在某些品种上表现得明显，但是每个独立个体的差异还是巨大的，而且经过后天的调教训练，吠叫行为是可以得到改善的。

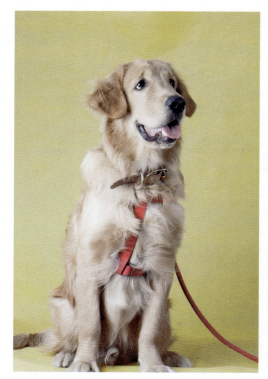

沉稳的金毛

◆ 十大流行品种横向对比——活跃度

这一部分虽然说的是活跃度，但是实际上说的是狗的运动需求，也就是说，需要给狗多少运动量，才可以充分消耗狗的精力。

活跃度		
普通运动量	精力旺盛	需要大量运动
比熊 柴犬	阿拉斯加 贵宾（迷你） 柯基 萨摩耶 哈士奇	拉布拉多 金毛 边牧

只有有效消耗狗的精力，才能有效地避免狗出现拆家、乱吠、扑人扑狗、随行暴冲的行为。

可爱的柯基，其实是能牧牛的

大多数的情况下，体形越大的狗精力越旺盛，运动需求越大，但这不是绝对的，这里就不展开讲了。从上表可以看出，如果主人没有太多时间消耗狗的精力（遛狗），可以选择运动需求小一点的比熊和柴犬；如果主人空闲时间较多，自己也想锻炼身体，那就选择边牧吧！

聪明绝顶、精力旺盛的边牧

◆ 十大流行品种横向对比——可训练性

任何狗都可以训练，只是难度不一样，这就是可训练性的差别。如果是天生渴望讨人喜欢的狗，会更容易训练一点；如果是天生比较独立的狗，比如哈士奇这种淘气的，训练难度就会颇大。

可训练性		
强	一般	弱
拉布拉多		阿拉斯加
金毛	比熊	哈士奇
贵宾（迷你）	柯基	萨摩耶
边牧		柴犬

淘气的哈士奇

另外，也有一种说法，就是狗的智商是跟它们的可训练性挂钩的。不列颠哥伦比亚大学（University of British Columbia）心理学教授斯坦利·科伦（Stanley Coren），联合208位各地育犬专家、63名小型动物兽医师，以及14名研究警卫犬与护卫犬的专家，对各种品种进行深入访谈与观察，对狗的工作服从性和智商进行了排名。

品种	工作服从性和智商世界排名
边牧	1
贵宾（迷你）	2
金毛	4
拉布拉多	7
柯基	10
萨摩耶	42
比熊	45
哈士奇	45
阿拉斯加	50
柴犬	谜

柴犬的智商是一个谜，但是根据已经存在的排行榜看来，很有可能是在末尾，80名以后了。不过，如果主人有心训练，一样可以调教出高服从性的狗，因此可以无视这个智商排行榜。

智商成谜的柴犬

◆ 十大流行品种横向对比——相处

如果家庭中有孩子，那么狗是否善于和孩子相处、能否对孩子友好，是非常重要的，所以性格沉稳、基本不吠叫的金毛是首选。在这一方面，边牧和柴犬的适宜相处对象最好是大一点的孩子，主要是担心太小的孩子，容易在与狗玩耍时受伤。被评为"三大无攻击性犬"之一的哈士奇，为什么也要在主人的监视下，才能跟孩子玩耍？那是因为它太淘气了，可能会不小心伤到孩子，而不是说它会攻击孩子。

是否善于和孩子相处？		
是的	最好是大一点的孩子	最好有主人监视
拉布拉多 金毛 贵宾（迷你） 比熊 萨摩耶	边牧 柴犬	阿拉斯加 哈士奇 柯基

善于和其他狗相处也很重要，因为狗是群体动物，总是要和其他狗一起活动、一起玩的。如果一见面就想打架或者是很害怕，就是不擅长与其他狗相处。可以看到，哈士奇被评价为"善于和其他狗相处"。

是否善于和其他狗相处？	
是的	最好有主人监视
金毛 比熊 哈士奇	拉布拉多 边牧 贵宾（迷你） 柯基 阿拉斯加 柴犬 萨摩耶

◆ 十大流行品种横向对比——总结

刚才说过，不同品种的狗的特质有比较明显的区别，但是，我更想说的是，这些结论都只是一个参考。即使是同一个品种，甚至是同一窝的狗，都有平静沉稳的和激动亢奋的，而狗的一些行为习惯可以在后天经过主人的努力而得到有效的调教或改善，包括最重要的——寿命。

最后给大家准备了一个总结表，这样对比起来可以更省事。

项目	拉布拉多	金毛	边牧	贵宾（迷你）	比熊	柯基	阿拉斯加	柴犬	萨摩耶	哈士奇
性格	友好、活跃、爱交际	悟性高、友好、忠诚	聪明、关爱、精力旺盛	骄傲的、活跃、聪明	爱嬉戏、好奇、热情	聪明、警觉、关爱	关爱、忠诚、爱玩	警觉、活跃、专注	优雅、适应性强、友好	淘气、忠诚、爱交际
AKC流行度排行	1	3	35	7	46	13	58	44	59	14
组别	运动	运动	放牧	非运动	非运动	放牧	工作	非运动	工作	工作
体形	大型犬	大型犬	中型犬	小型犬	小型犬	小型犬	大型犬	小型犬	中型犬	中型犬
高度	57.2~62.2厘米（公犬），54.7~59.7厘米（母犬）	58.4~61厘米（公犬），54.7~57.1厘米（母犬）	48.3~55.9厘米（公犬），45.7~53.3厘米（母犬）	25.4~38.1厘米	24.1~29.2厘米	2.5~30.1厘米	635厘米（公犬），584厘米（母犬）	36.8~41.9厘米（公犬），34.3~39.4厘米（母犬）	53.3~59.7厘米（公犬），48.3~53.3厘米（母犬）	53.3~59.7厘米（公犬），50.8~55.9厘米（母犬）
体重	29.5~36.3千克（公犬），25~31.8千克（母犬）	29.5~34.1千克（公犬），25~29.5千克（母犬）	13.6~25千克	4.5~6.8千克	5.5~8.2千克	最大13.6千克（公犬），最大12.7千克（母犬）	38.6千克（公犬），34.1千克（母犬）	10.4千克（公犬），7.7千克（母犬）	20.4~29.5千克（公犬），15.9~22.7千克（母犬）	20.4~27.2千克（公犬），15.9~22.7千克（母犬）
寿命	10~12年	10~12年	12~15年	10~18年	14~15年	12~13年	10~14年	13~16年	12~14年	12~14年
是否善于和孩子相处？	是的	是的	最好是大一点的孩子	是的	是的	最好有主人监视	最好有主人监视	最好是大一点的孩子	是的	最好有主人监视
是否善于和其他狗相处？	最好有主人监视	是的	最好有主人监视	最好有主人监视	是的	最好有主人监视	最好有主人监视	最好有主人监视	最好有主人监视	是的
可训练性	渴望讨人喜欢	渴望讨人喜欢	渴望讨人喜欢	渴望讨人喜欢	可接受	可接受	独立	独立	独立	独立
毛发长度	短	中	中	长	长	中	中	中	长	中
刷洗频率	每周1次	每周1次	每周2~3次	不确定	定制	每周1次	每周2~3次	每周1次	每周2~3次	每周1次
掉毛情况	经常掉毛	季节性掉毛	季节性掉毛	不掉毛	少掉毛	经常掉毛	季节性掉毛	季节性掉毛	季节性掉毛	季节性掉毛
活跃度	需要大量运动	需要大量运动	需要大量运动	精力旺盛	普通运动量	精力旺盛	精力旺盛	普通运动量	精力旺盛	精力旺盛
是否爱吠叫？	一般	有需要才吠	一般	一般	一般	一般	一般	爱吠叫（或嚎叫）	爱吠叫（或嚎叫）	爱吠叫（或嚎叫）

第五节
养狗带来的家庭邻里问题

当你养狗之后，你和家人可能会增添不少生活乐趣，但也可能会争吵不休；你与邻居和小区居民的关系可能更亲近，但你也可能极度讨人嫌。养狗之后的人际关系的好坏，全看你怎么做。

在城市里面养狗和你在深山老林与一只猎狗为伴，是完全不一样的生活状态。你养了一只狗，就意味着你的家庭成员都必须和它一起生活，你居所所在的整栋楼乃至整个小区里的邻居，都可能会遇到你和你的爱犬，以及受到你们在小区里生活和活动带来的影响。

全家人和狗一起生活，是一个客观的事实，而生活得开心还是矛盾不断，则是非常不一样的体验。小区邻居对你养狗是强烈反感还是毫无感觉，或是感受愉悦，又是几种截然不同的群体情绪。

◆ 养狗和父母的关系

从《2020年中国宠物行业白皮书》中我们可以了解到，城市养狗数量逐年快速增长，主力养狗人群是"90后"的年轻人。他们在更为年轻的时候——通常是还没毕业进入社会前，如果想养一只狗，可能会在遭到父母反对后就偃旗息鼓了。但是当这些年轻人进入社会，有了自己的工作和收入之后，养狗的想法又重新浮现。这时买一只狗并不会给他们带来很大的压力，于是在自己的坚持之下，家中就多了一只狗。

最理想的状态，当然是年轻人说要养，父母说我们也喜欢，一家人其乐融融地迎接狗回家。但如果是这种情况，应该也不需要等到这时才养，可能父母早就忍不住先把狗带回家了。

最糟糕的状态则是父母非常抗拒饲养狗，但年轻人觉得自己现在能做主了，于是不顾父母反对直接把狗带回家——狗已经买了，你们还能怎么着。

因此，家中的年轻人把狗带回来之前，和家人是否有了饲养照料的共识，对家庭关系有着直接的影响。有的父母之前不允许，主要是觉得孩子自己都还没独立，自己都没能力照顾好自己，就别养狗了，但是看到孩子已经踏入社会，对养狗这件事也就松了口。他们对同意养狗提出的条件可能仅仅是"那你自己负责好，我可不管。"这种模糊的默许，其实很容易引发问题。

狗是买回来了，结果年轻人要去上班，父母还没到退休的年龄，同样要上班。而且，年轻人上班和社会交际的时间总是更多一些，家中父母和狗相处的时间反而更长。于是此前的"我可不管"就会变成

"不得不管"。因为如果真的谁都不管，狗可能就会在笼子里吵个不停，或者到处排便使得家中臭气熏天。

对于父母来说，生活环境变差能不管吗？就算嘴上埋怨孩子给自己找了个麻烦回家，实际上还是会帮忙喂个饭、遛个狗、捡个屎，最后很容易变成彻底由父母照顾狗。

在照顾的过程当中，父母对狗的态度很容易发生两极分化。一种是真的觉得很厌烦，父母本身可能就不太喜欢狗，他们也有自己的工作和生活，这样不仅被狗占用了极多的时间，生活作息还被扰乱了。我曾经去一个家庭进行幼犬规则教学，主人的妈妈当着我的面说："你养吧，你想我早点死你就继续养！"因为狗已经严重影响到她的生活了，而她本身的身体状况也不好，儿子上班一整天不在家，狗带来的所有麻烦都由她承受。

另一种截然不同的态度是"真香"。我甚至见过一些本来很害怕狗的父母，从看到狗都要躲开的状态，变成对狗喜欢得不得了，整天让狗待在身边，把狗当成亲儿子一样照顾，连微信头像都换成了狗的照片。因为他们在与狗相处的过程当中，感受到了狗带来的乐趣，狗为他们的生活增添了色彩，狗对他们的依赖也让他们非常有成就感。很多年轻人跟我笑着吐槽说："现在我在家里的地位还真是连狗都不如了。"

对于养狗之后家庭关系的变化，我觉得最不妥当的处理方式就是"到时候再说"。我一直倡导谁想养谁负责的处理原则，并且应该进行充分的事前沟通。无论父母的态度是怎样的，如果确定要养狗，真的要把狗带回家，那么就提前把责任给明确下来。把狗带回来放在什么地方；是否

老年人照顾狗

长辈们也会享受有狗陪伴的时光

会影响家人的生活作息；每天谁来喂狗；谁来负责遛狗；养狗需要花的钱谁出；家里被狗弄脏了谁清理；出差、旅游时，狗是由家人帮忙照顾还是送去寄养；以后打算生孩子了狗如何安排；等等。这些问题提前和家人有过沟通，达成了共识，决定养狗的你才会更清楚自己的责任，而家人也会知道需要面对的情况，才不会在狗到家之后，才知道原来狗会叫、狗拉的便便会臭。有了狗之后的生活确实是一种未知的新生活，但只要家庭成员都有了心理准备，达成了共识，那么接下来出现什么情况都不会让问题变得更糟糕，因为你们是一家人嘛。

◆ 养狗和伴侣的关系

　　小两口儿一起过着自由自在的生活，给家里添只狗当宠物是一件甜蜜温馨的事情。但是我非常反对未和对方沟通，就直接在某个节日给另一半送一只狗当礼物的行为。惊倒是挺惊的，喜却说不准。"狗是我送你的，你带去遛啊，狗粮我买。""它又拉屎了，臭死了，你清理一下吧，我不会弄啊，这不是你的狗嘛。""它吵死了，我明天还要赶早班机出差，你让它消停一下啊！"……这个家里就你们两个人，如果此前没有沟通，出现争吵的概率就非常高。本来打算多个小可爱增加生活情趣，结果狗到家没几天，就变成了你们争吵不休的源头，这不可能是你们养狗的本意。家里就你们两个人，最好的安排当然是提前沟通好一起饲养，再把选定的狗带回家，然后共同照顾。情侣有共同的生活乐趣，更能让两人的关系美好而牢固。

　　另外，我也不建议两人状况不是很稳定的时候，就共同饲养一只宠物。这里的"状况"包括很多的维度，例如有一位的工作并不稳定，或者租赁的房子即将到期；有一位的工作经常需要出差，甚至两人一起生活的时间并不长。养狗除了能解压和添加生活乐趣之外，也确确实实是给自己增加了一份责任。当压力和困扰不断积累，就很容易产生弃养的念头，如把狗送人或者丢回老家给父母养。

　　有一种情况，现实中总是发生，但我确实也没办法让你们提前考虑，那就是情侣分手了狗怎么办。能一起决定养一只狗的时候，两人肯定不会觉得会分开，但是感情哪有绝对呢？我们调整

情侣一起照顾狗

过一只哈士奇，它从幼犬期就在我们中心，一直到它长大成年了也偶尔会被送到我们中心寄养玩耍，每次都是男女主人一起过来，他们对它也是各种宠爱。结果后面两人分手了，狗是男主人买的，但一直负责照顾它的是女主人，女主人离开之后，男主人只能把狗带回乡下给家里的老人养。我们也接收过一只牧羊犬，它的主人是一对夫妻，两人因为离婚暂时寄养狗，女主人送来，男主人带走，至于狗后面怎样就不得而知了。我也看到过争抢狗养育权的情况，情侣已经分手了，但是同样对狗有感情，谁都想把狗带走，这样的分手一点都不和平。谁也不能预知会有这么一天，狗更不会知道发生了什么事，但是它的生活会切切实实受到主人的家庭变故带来的影响。或许更疼爱狗、花了更多时间照顾它的一方是更适合继续照顾它的主人，或许给它找一个真正愿意爱它、照顾它一辈子的新家庭，比把它随意丢回老家是更好的安排。但无论发生什么变故，随意弃养都是最不该做的事。

◆ 养狗和孩子的关系

我知道你养狗的时候可能没想过这个问题，不过"狗生"十几年，多数人都会经历这么一个阶段，就是家中有新生婴儿出现。从备孕到怀孕，再到小宝宝出生成长，这个过程当中有非常多的养狗家庭会有各种考虑和调整。

首先，很多人会担心孕妇和胎儿是否会受到弓形虫的感染。其实关于这个问题已经有过非常多的专业科普，细节我不再赘述。简单说个极端情况：如果你想感染弓形虫，那么首先需要你家的猫狗长期不驱虫，并感染有弓形虫，然后它们在家里有了排泄物，并且你直接用手去碰了这些排泄物，还不洗手就拿东西吃。如果你这样做了，那么恭喜你，通过重重难关终于有机会感染弓形虫。在美国每年出生的400万个婴儿当中，有1200个婴儿受到弓形虫的感染而致病，感染概率是0.03%。此外，你需要知道，弓形虫的感染源还包括未煮熟的肉蛋奶等。而只要你的宠物有定期驱虫，你有及时清理宠物的排泄物，做好清洁，注意个人卫生（常洗手），是不会感染弓形虫的。

我太太在怀孕时和蛋挞的合照

除了感染寄生虫之外，如果一些狗平时就很兴奋、喜欢扑人，甚至有咬人、攻击人的坏习惯，那么我们就会非常担心它不小心弄伤孕妇。孕妇并不适合注射狂犬疫苗，因为要避免任何副作用对胎儿产生影响。为了保护孕妇，很多家庭就会让孕妇和狗分开生活。遇到这些情况，你会怎么处理呢？

提出孕期不能养狗的可能会是你的另一半，也可能是对方的父母、你身边的亲朋好友，甚至是你自己。而这个过程当中，每个人不同的态度可能会导致家庭成员之间的争吵，这对于准妈妈来说，绝对不是一件舒服的事情。

心爱的狗养到这一刻不养了，甚至打算直接送人，真的只有这一步可走？事实并非如此，我们可以做很多事去规避这令人难过的时刻。首先，你在决定养狗的时候，最好先考虑到之后家中要生小孩时狗如何处理，越早做心理准备，可以提前做的事情就越充分和有效；其次，在怀孕前就要将狗的生活习惯和规则都巩固好，一只性格行为稳定的狗，不会在孕期弄伤准妈妈，不会在婴儿降生后伤害婴儿，反而能成为准妈妈怀孕期间运动散步的好伴侣，孩子成长过程中的好伙伴。如果在养狗过程中得知长辈们对寄生虫感染等问题不够了解，可以在日常生活中，循序渐进地通过科普去影响他们的观念。

我太太孕期的日常运动都有蛋挞的陪伴

我们也遇到过两口之家在怀孕期间完全没时间照顾狗的，他们的选择不是弃养，而是选择自己信任的寄养机构，长时间寄养狗，或者寻找一个可以代养的家庭帮忙照顾狗，等到孩子出生之后再把狗带回家。总之，对于一个家庭来说，婴儿和狗并非只能二选一。

当家中的小朋友慢慢会走、会说话，他可能也会对狗有兴趣。保护好小朋友和狗，让他们之间建立起足够好的关系，是主人非常重要的一项任务。我接待过不少这样的家庭，因为狗对小朋友这种"奇怪的新生物"不了解，当主人和小朋友玩耍、小朋友哭闹或者跑动大叫的时候，狗就表现出警惕或者惊慌、警告的行为。一些主人因为害怕狗伤到小朋友，就彻底把狗关起来。住宅比较宽敞的好办一些，给狗一个单独的房间就好了，基本可以做到互不干扰。地方不大的话，狗的待遇就可能十分糟糕。

我的小女儿和蛋挞

　　我去过一个有小孩的养狗家庭，那只胖胖的柯基，被关在厨房里3年没出来过，因为只要放它出来，它看到小朋友和父母、奶奶互动，就会冲过去吠叫警告小朋友。这是因为奶奶太担心狗会伤害到小朋友，小朋友稍微靠近狗或者动作大一点，奶奶就会大叫让他过来自己身边，结果狗误以为"只

为了保护孩子，柯基被关在厨房3年

要小朋友激动大人就会管教他"。出于狗的天性，它就配合大人对小朋友进行吠叫警告，管教小朋友兴奋激动的行为。这是多么大的一个误会。小朋友想跟狗玩，长辈过分担心想保护小朋友，激发了狗的警告管理行为，导致只能把狗彻底关起来，小朋友也无法和狗玩耍。

我必须特别提醒一些主人，千万不要觉得狗对谁都没什么不好的行为习惯，就把一个一两岁的小朋友单独和狗放在一起玩，这是非常危险的。我的小女儿在一岁多的时候，就开始有非常调皮的举动，她会突然走到蛋挞正睡着的航空箱边，一脚踢过去，吓得蛋挞狂叫乱窜。一个只有一两岁的小朋友是没有行为上的自制力的，他可能会做出一些伤害狗的行为，但他并不知道狗会因此疼痛受伤或者攻击咬人。他也可能只是因为玩耍的时候把狗当成了他的一个布娃娃，使劲地拉扯狗的毛发或者用嘴巴去啃。而这些举动对于一只会疼痛和害怕的狗而言，是非常可怕的"侵犯行为"，它根本搞不明白为什么小主人突然之间会做出如此严重的伤害自己的行为。为了自保或者因为疼痛而产生的自然反应，它可能会咬伤小朋友。切记，只要小朋友和狗在一起，至少要有一个主人在旁照看，小朋友和狗的行为都应该时刻被管理，以保障安全。

　　其实也不需要如临大敌般地生活，只要日常对狗进行正确的管理照料，在小朋友和狗互动时，做到有人陪伴和引导，那么有狗的家庭对小朋友而言是更好的。2019年，某节目邀请了国内呼吸科权威专家团队做客访谈。专家在节目中提出：城市小朋友患哮喘等过敏性呼吸道疾病的发病率有上升趋势，建议主人可以考虑在家中养宠物，这样可以帮小朋友适应过敏源。据专家团队的研究，农村小朋友的哮喘发病率明显比城市小朋友低，他们将原因归结为，城市小朋友的生活环境太干净，未能尽早接触和适应更多的过敏源。专家还建议，宠物越早养越好，甚至可以在妈妈怀孕之前养，让小朋友在胎儿阶段就可以提早接受"锻炼"。

　　我认为，饲养宠物对培养小朋友的责任心和爱心有着非常好的正向引导作用。有一次，我家的小

小云被电动沙发夹伤了一大块皮肤　　　　　　　　　　3岁的小女儿遛比她重的阿拉斯加

猫小云在电动沙发里被夹伤了，当我救出小云送去治疗的时候，我的大女儿哭得稀里哗啦，她觉得是自己不小心按了电动沙发让小云受的伤。在之后的日子里，她只要需要按动电动沙发，都会先看看小云在不在沙发底。而当我们准备家庭出游时，我告诉女儿们："我们不回家，蛋挞和小云就没人照顾了，但是酒店不让我们带它们一起去。"她们竟然难受得共同决定说："我们不去玩了。"每每她们对小动物表现出爱心、同情心、责任心，都会让我超感动。我始终认为应该让小朋友热爱生命、享受大自然，去接近、感受、互动、照料小动物，而不只是隔着铁围栏去观看，这样的孩子更能拥有健康的心态和人格。

◆ 养狗家庭迎来新生儿的正确处理方式

当家中准备迎接新生儿的时候，狗会知道有不寻常的事情将要发生。因为准爸爸、准妈妈通常会变得容易紧张焦虑，而狗是能感受到这种情绪的。从怀孕到宝宝降生有10个月的时间，这段时间足够你们和狗调节状态，一起做好迎接新生命的准备。

1.做好对狗的日常管理，确保家庭成员都成为狗的领导者。在这个漫长的怀孕期间，保证狗有充足的运动量，设定好规则和界限，让它成为一只平静顺从的狗。

2.注意你们的情绪波动，避免因为怀孕而使全家人焦虑、经常为小事争吵、急躁等（就算家里没有狗，有这些情绪也绝非好事）。狗能感受并从行为上去配合你们散发的能量和情绪（你们吵，我也叫）。

3.宣示你对新生儿气味的所有权。在把新生儿带回家之前，拿一件带有新生儿气味的物品回家，比如新生儿穿过的衣服。将衣服拿在你的手中，隔一段距离让狗去闻一下。这是在告诉狗那件物品是你的，你允许它嗅闻，但物品只属于你。这将开始建立狗对新生儿的尊重。

4.在婴儿房周围设下界线。建议一开始将婴儿房设定为禁区，让狗知道那里有一个隐形的屏障，没有你的允许不准跨越。最后你可以在监督下让它探索，并在新生儿回家前让狗重复这项练习。

5.见面场景最为关键。在狗和新生儿见面前，先带它去长距离散步，消耗其精力。回家时，只有它处于平静顺从的状态时，才允许它进入家门。引见的时候，抱着新生儿的人必须完全的沉

正确引导狗接触新生儿

着和坚定。你可以让狗闻一下新生儿，但是一定要保持距离以示尊重。这是第一次见面，不要让狗太靠近新生儿，一段时间之后才逐渐允许它接近。每次接触前，狗都必须处于平静顺从的状态，而绝不能处于兴奋、躁动的状态，否则应立即用绳子拉走狗，结束接触，等待它平静时重试。

6.别因为照顾新生儿而彻底忘了狗的存在，但也不需要对它进行安慰或者买玩具进行补偿。保持每天惯例的互动、喂食就完全足够了，这样狗会觉得很安心。

◆ 养狗和邻居的关系

家中的问题，关起门来总好处理，但是养狗和养猫不一样，狗吠叫的声音比较响亮，中大型犬在家中走路的脚步声，楼下都清晰可闻，狗还要外出散步和排泄，这些都会影响到和你共同生活在一个小区的邻居们。要知道，并不是谁都喜欢狗，你最宝贝的狗，可能在别人的眼里行为恶劣。这些年经常爆发的人狗矛盾，让很多主人非常不解：为什么会有人这么讨厌狗？这种敌对的行为，究竟是从哪里滋生出来的？或许答案就源自一些不负责任的主人。

1. 不捡屎的主人

不过是弯腰捡个屎的事情，但有些主人就是不做。看到洁净的路面、青青的草地上有一坨狗屎，真是让人非常恼火的事情，更别提踩到狗屎是多么恶心的事。有一次我把车停好之后，脚一踏到地上就踩到一大坨狗屎，鞋底的纹路里都被塞满了，清理的时候让人无比恶心，一天的好心情都被破坏了。现在养狗的人越来越多，我们经常在路边看到地上有狗屎，但这些地方都是公共区域，不是谁的私家花园。其实，无论带狗去哪里，带个捡屎的袋子，或者带一张报纸就能随手清理了。如果怕自己忘记，就把袋子系在狗的牵引绳上，再不济，几张纸巾等也能临时应急。

不捡狗屎的人，谁都讨厌

2. 遛狗不牵绳的主人

"没事，我的狗不咬人"以及"遛狗就是要给它自由"是不牵绳的主人的典型理由。一些狗不受约束的时候，对路人来说就是极其不安全的时刻。不管你家的狗有多乖，你也不能保证它不发生异常行为。狗受到户外环境的一些惊吓时，是有可能乱冲撞、扑跳人，甚至对人或狗吠叫、攻击的。而且我发现大部分不牵绳的主人，很多时候根本没有能力控制住狗，等到发生事故时，只会在旁边不停地大喊狗的名字，作势要打狗，这时狗根本不会理会他。狗真正肇事之后，这样的主人可能还会弃狗逃逸。明明知道自己不能控制好狗，还美其名曰给狗自由所以不牵绳，最后遭殃的还是狗，这究竟是什么逻辑？2021年5月1日，新修订的《中华人民共和国动物防疫法》正式实施，明确要求遛狗必须牵绳，否则即属违法。希望每一个主人，带狗外出的时候都紧握手中的绳子，为己为人做个守法的养狗公民。

遛狗不牵绳已是违法行为

3. 主人把狗带到不合适的地方

狗并不是在任何地方都会受欢迎，明确标示着禁止宠物进入的商场、餐厅、公园，有的人硬是要偷偷地带狗进去。而人流量较大的公共场所，主人更应该带着狗主动回避，既避免对人群造成影响，也避免狗因为对人群恐慌而发生异常行为。有一些社区里的小店，老板为了做好街坊生意，不会拒绝主人带着狗进入，而一些主人大大咧咧地不牵绳就带着狗进入了，有时还放任狗在店内到处走动，完全不管店里有没有其他人，也不管有没有人害怕狗。还有一些超级没有公德心的主人，把狗带到小朋友的活动设施附近，或者直接带到小朋友爱玩的沙池里，狗在这些地方随意排便，拉完掉头就走了。

4. 主人对狗的行为不管不顾

不是每个人都喜欢狗，而且有的人怕狗，是真的很怕，就跟很多人怕蟑螂、蜘蛛、毒蛇一样，远远看到就避之不及。一些主人在电梯里人多的时候，还带着狗挤进去；在户外的时候不牵绳，或者把绳子放两三米长，让狗随便嗅闻路人；看到老人小孩不做避让，狗对着奔跑的小孩狂吠不止的时候，还一副"没关系，不要怕，我家狗不咬人"的样子。正是因为有这样不管理狗行为的主人，才会让那么多人看到狗就跟小朋友说："别过去，狗会咬人。"这令很多人从小就在心中种下了对狗恐惧、回避的种子。这锅谁来背？是狗吗？应该是那些不负责任的主人。其实这种主人不是单纯对狗的行为不管不顾，本质是对他人的感受不管不顾，毫无同理心，这样的人真的不适合养狗。

主人放任狗扑跳别人

5. 狗狂吠扰民

狗会叫，这是大家都知道的，它们可以帮助主人看家护院，发现异常就要吠叫警告，但一直叫个不停的狗就让人很烦躁。狗狂叫不止，通常有几种情况，我们就从早上起床开始说起。

一些狗会准时叫主人起床，因为它们习惯了到点主人就会起来喂食，把主人"训练"得妥妥的。但是，如果某天主人赖床，一直起不来，狗就会一直叫个不停，希望主人赶紧起床喂食。别以为所有人都要早起上班，也有很多人早上可能才刚刚入睡。刚入睡就被楼下的狗吵醒，那种痛苦会让你想直接打110。

有的主人说自己早上太忙没法遛狗，直接就去上班了，把睡了一晚上的狗关在房子里，结果这只精力旺盛又有分离焦虑的狗，就在门边狂叫不止，一边哀号一边抓门。主人走了什么都听不到，但苦了他的邻居，要听狗哀号几小时。狗累了歇一会儿，下午又继续，给周围的邻居带来无休止的噪声干扰。

狗深夜在家中吠叫狼嚎

同样是主人离家上班，有的家庭为了避免狗拆家，会把狗关在阳台不让它进入客厅。家里的东西倒是被保护得很好，但这只在阳台无所事事的狗，就会一直隔着围栏盯着外面。不管是邻居出来晾衣服，还是楼下有车经过，或是远处有主人带着狗散步，它都狂躁地吠叫一通，令所有路过的人都吓一跳。

晚上，狗终于等到主人回家了。主人愧疚于一整天都没怎么陪它，但又实在太累不想出去，于是就在家里跟狗玩玩丢球。一个夜猫子和狗晚上十一二点在家里玩丢球，狗在地板上跑得噼里啪啦的，完全不顾及楼下还有小孩要早睡上学，有早早休息的老人被吵得无法入睡。更别提一些半夜会狼嚎的狗，能直接把一栋楼的人从美梦拉到现实的噩梦当中。

这些问题都不可解决吗？不，只要主人给狗立规矩，避免持续的吠叫发生，每天充分遛狗，消耗狗的精力，解决狗的分离焦虑，重新规划狗的独立休息空间，甚至只是在阳台的玻璃上加个不透明的贴纸，都能解决上述问题。狗狂吠不止，一定是有需求得不到满足，解决了狗的需求，这种让整个小区都厌烦的事情，就不会发生在你的家里。

6. 邻里关系能因狗变得更和谐

我吐槽了那么多，是因为作为一个文明养狗的人，对这些恶劣的行为感到深恶痛绝。凭什么我遵纪守法文明养狗，却要为这些人的所作所为买单？为什么无辜的狗，要因为这些不负责任的主人而背负骂名？

其实养狗并不一定会带来各种矛盾冲突，破坏邻里关系，很多时候只要你把养狗这件事做对了，完全可以让邻里关系变得更加和谐。

虽然我是一个专业的驯犬师，我家蛋挞也是一个非常乖巧的随行标兵，但是我只要出门，就一定会给蛋挞戴上狗绳。很多时候我直接把绳子挂在裤子上或者绑在背包上，蛋挞仍然会好好地跟着走路。很多路人看到这样的状态，都会觉得蛋挞很可爱乖巧，对我们投来善意的目光。训练有素的蛋挞在遇到其他狗的时候，也不会狂叫乱跳，它要不若无其事地跟我离开，要不就友善地嗅闻一下，打个招呼。每次进入电梯，我都会把蛋挞安排到角落并且用我的身体挡住它。如果电梯门打开的时候，有人看到狗犹豫了一下，我会跟对方说："请进来，我牵着绳子，它不会乱动，不用害怕。"如果我在走楼梯时遇到了其他人，我一定会把蛋挞拉到我的身后挡住，让别人先走。当我能带着狗友善和谐地与路人、其他狗共处时，我们就很少会遇到讨厌我们的人。

有一次我带蛋挞在一个小区里走过，它排便后我如往常一样，掏出背包里的捡屎袋把便便清理干净。当时正好有几位老人在旁边的小亭子里坐着聊天，我和蛋挞离开的时候，我听到其中一位婆婆说："这样就对了，养狗要有公德心。"另一位大伯回答她说："现在的年轻人基本上都会捡走狗屎了。"我装作若无其事地离开，手里拎着蛋挞的狗屎，像拎了个贵重的礼物一样开心。因为我一个正确的举动，得到了别人的认可，也影响了别人对养狗人的观感和态度。

在我国，城市养狗不会突然之间被全面禁止，也不会一夜之间人人都变得喜欢狗。我们真正爱狗的人，应该尽力做好自己的本分，管理好狗的行为和自身的行为，努力用一切办法减少因为养狗而对他人产生的困扰和负面影响，用文明的举动去为狗和养狗人建立好的名声，只有这样，社会才会更理解和包容我们及我们的爱犬。

日常遛狗遇到人，我和蛋挞都会主动避让

每次带蛋挞外出，我都会备好捡屎袋

本节小书签

1. 养狗是影响一个家庭的事，应该和家人提前进行沟通。

2. 怀孕期间可以养狗，但要提前规范好狗的行为。

3. 让小朋友和狗相处，一定需要有主人在一旁进行管理。

4. 没有管好狗，会破坏邻里关系，管好了狗有助于共建和谐社区。

第二章
◆ ◆ ◆ ◆ ◆
CHAPTER TWO

养狗需要些什么

第一节
家庭布局的重要性

它住哪里？

你的家里马上要增加一个家庭成员了，那么它住在哪里是带它回来之前要考虑的头等大事。很多主人早就想过这个问题，准备了垫子、围栏、厕所，摆上了一堆小玩具，满怀期待地等待着自己的"小毛孩"到家。当然也有人什么都没有准备，想着反正狗到家的时候会有个笼子，找个地方放笼子就行了。

不管你家是什么户型，也不管你是一个人住还是与家人同住，当家里多了一只狗之后，如果没有好好考虑家庭布局并且合理安排狗的生活作息区域，后续产生的麻烦可不是一星半点。轻则导致家人生活和行动不便，重则矛盾不断、家无宁日、邻里不和，甚至还会让自己和狗流离失所。以上所述绝非危言耸听，我会把一个个血与泪的教训展现在你的眼前。

◆ 小单间的苦恼

我们先来看看小单间的户型。小单间中除了洗手间之外，你拥有一个带床的客厅或者是一个带厨房的卧室，小小的空间塞得满满当当，这时候你还决定要养一只狗，确实是勇气可嘉。地方虽小，但还是容得下一只狗的，不过碍于空间有限，因布局不当导致的问题就更容易出现。

1. 小单间1：两个年轻人，一只柯基

两个年轻人在一个小单间里面养了一只柯基，这只柯基倒是很乖巧，不会拆家，所以即使家里地上、沙发上摆满了各种物品，它也不会乱咬。当我到他们家的时候，我看到这只柯基钻到床底下，过了一会儿，床底下飘出了浓烈的臭味。我惊讶地问主人它在里面做什么，主人脸上毫无波澜地跟我说："它在里面拉粑粑了。"我当时下巴都要掉到地上了——这可怎么清理啊？而下一幕更让我惊讶：主人从容地爬到床底下，拉出了便盆进行清理。

这画面实在让我哭笑不得，我惊讶于狗为什么会有这么糟糕的习惯——钻到主人的床底下排便，更令人惊讶的是主人在床底下摆放了便盆，而狗会准确地在上面排便。和主人沟通后才知道，原来柯基刚来的时候，不肯在便盆里排便，老是钻到床底下拉，于是主人只好屈服，把便盆放到床底下它排便的位置。于是，主人就成功地被狗"训练"好了。

难以想象，半夜睡梦中床底下飘来一股不可描述的气味，是一种什么样的睡眠体验。

2. 小单间2：一个女生，一只狗

这是一个温柔的女生和一只胆小的狗的故事。狗是领养的，对人没有太高的信任度，而主人是一个很温柔、很有耐心的女生。把狗带回家之后，她两个月都还没摸到这只狗。

因为狗胆小、对人不信任，所以在被放出笼子之后，它马上躲到了主人的床底下，无论主人怎么哄，怎么拿食物引诱，它都不出来。如果主人爬进去抓它，它会立即冲出来，再躲到其他桌椅衣柜底下。有趣的是，在这位女生的小单间里面，各种家具下面都有可以躲藏的空间，桌子底、椅子底、柜子底，对狗而言都是一个个可以获得安全感的"洞穴"，是躲避抓捕的避风港。

每天，主人在离家前放下狗粮，离家后狗才从床底下出来吃东西。别说抱狗或者外出遛狗，连摸狗都做不到。当然，经过我后续的指导后，她跟狗已经非常亲密了，这是题外话。

小单间的床底是个令主人非常困扰的地方，但狗老往床底钻的问题其实也是可以解决的。

远程教学画面：主人靠近，狗就会钻到床底

◆ 标准户型的困惑

两室一厅的户型在城市家庭中最为常见，厕所、厨房、阳台一应俱全，可能还有一条小走廊。因为空间大了，狗的安排就有很多种选择，但也有几种常见的错误安排会让家庭生活变得非常困扰。

1. 两室一厅1：一家三口，一只贵宾

这个家庭的成员有爸爸、妈妈和女儿（已经工作），养了一只非常敏感胆小的贵宾，它小时候因为不乖、咬人等情况被主人打过、吓过。他们全家人都很宠狗，但因为狗会咬人，所以又爱又怕。狗的睡垫安排在房间门口的走廊中。每天晚上爸爸妈妈如果起来上洗手间，狗都会凶他们，他们也会被吓得不断躲避，每晚进出房间总是小心翼翼地，也多次被狗咬伤过脚。

2. 两室一厅2：夫妻家庭，一只贵宾

这个家庭有城市年轻人的标配：新婚夫妻、新房子、新狗，美好的小生活。一套崭新的房子，主人当然不希望狗在里面捣乱，特别是在两人上班时间都比较长的情况下。正好房子有一个独立的玄关，从大门进来就是鞋帽间，把狗安置在这里就是主人的选择。

但随之而来的是无尽的吠叫。因为主人长时间离家，所以狗长时间被困在一个不足2平方米的全封闭空间里面。狗虽然体形比较小，但也会觉得郁闷。对狗而言，浑身精力无处发泄怎么办？幸亏离门很近，外面有邻居进出的声音，有电梯门开合的声音，有快递员送货的声音，那都是非常值得关注的，也很适合狗发泄躁狂的情绪。所以，贵宾在主人离家后就会不停地吠叫，直到主人收到邻居的投诉找我寻求解决方案。

3. 两室一厅3：四口家庭，夫妻、公婆，一只拉布拉多

拉布拉多是妻子要养的，但婆婆怕狗，这个家庭里就有了不少的矛盾和摩擦。公婆的房间连着唯一的阳台，狗就被安置在公婆房间旁的阳台上。老年人睡眠浅，拉布拉多在阳台走动的脚步声就能把他们轻易吵醒。再加上婆婆怕狗，但每天又要到阳台晾衣服、收衣服，在这样的一个情况之下，家里争吵不休。妻子说不会放弃自己的狗，婆婆说这样我难以忍受，既是儿子又是丈夫的男主人夹在中间左右为难，和拉布拉多一样被骂得狗血淋头。

◆ 大房子和别墅的忧伤

复式大房子、花园别墅，这么大的地方，给狗一个单独的房间都行，还谈什么布局呢？这可能和大多数人的想象并不一样，但在我解决的诸多案例中，因为布局而引发的问题中，大房子、别墅还真占了一个较大的比例。

1. 复式大房子：夫妻二人，一只博美

两人一狗住在一个3层的城市复式住宅内，地方非常宽敞，负一层是工作室，一层是客厅起居室，二层是卧室。主人在一层过道靠近楼梯的位置，用围栏给狗围了一个窝。本来把这个没什么用的过道区域作为放狗的空间，也算使用得当。但博美是一只对陌生人和男主人都会敏感攻击的狗。把它安置在这个地方，任何从大门进入客厅、从客厅到厨房、从一层上楼或者下楼的人，都必然要经过它的窝。一只领地意识超强的博美被安排在整个房子的交通要道旁，每次都会凶经过的男主人。如果没有关好围栏，它还会直接冲出来咬男主人。男主人总是被狗欺负的生活可怎么过。

2. 花园别墅：一家多口，一只大型犬

通常一个别墅家庭里除了有父母儿女之外，还会有家政阿姨。这么大的地方，院子被打造得错落有致，盆景、鱼池、泳池都少不了，再加上一只威风的大型犬，简直完美。

而大型犬通常会被安排在院子里生活，可能院子里会放个狗屋，但大多数时候它不会进去睡。当然了，这么大一片天地，可以抓鱼、可以挖土、可以扒树、可以啃水管，还可以看着院子围栏外走过的人、车、狗、猫、鸟，狗当然知道怎么选择。

于是在这个豪华的小天地里面，大部分的狗会养成到处乱拉、什么都乱咬、任何时刻看到有任何东西经过就狂吠不止的习惯。

怪谁呢？怪狗？怪主人？还是怪房子太大了？

◆ 最不合理的布局

最后来说一种最不合理的布局，这种布局和任何户型、任何住宅面积都无关，和任何家庭成员以及家庭成员的数量都无关，只和一个不负责任的主人有关。

我的同事经常会收到一种咨询，内容是这样的："想问一下，我的狗总是乱拉怎么办呢？我给它买了狗厕所，可它总是不在上面拉，还踩得满身都是，每天下班回去看到这些真的太恶心了！"

通常我们都会询问对方：狗多大？家庭布局如何？它的厕所被安排在哪里？休息区在哪里？家里彻底没有人的时间是多长？

而得到的回答是："我们要上班，上班时它就待在笼子里。里面有吃的，有喝的，有睡垫，有玩具，还有厕所。但是它就是乱拉，还踩便便！我们从上班到回家大概10个小时，回来放它出来玩一下，它也乱拉，然后要睡觉了就再把它关进笼子。"

一只狗，每天被关在笼子里十几个小时，几十厘米的空间里塞了睡垫、饭盆、厕所，要狗懂得在睡垫上休息玩耍，在厕所排便，还不能碰到便便……这也太残忍了！但这的确是很多不负责任的主人养狗的方式。如果期望一个笼子就能解决狗的饲养空间问题，那么最好还是不要养狗。

这是最不合理的养狗布局

◆ 家养宠物狗的空间需求

狗的体形有极大的差异，饲养小型犬、中型犬、大型犬，所需要的空间肯定是不一样的。在一个只有30平方米的房子里面养一只阿拉斯加，那是在折磨自己，也是在折磨狗。所以在决定饲养一只狗之前，一定要考虑好你的家庭空间是否能满足它的基本生活需求。

简单而言，50平方米以下的房子养小型犬是最合适的，小型贵宾、比熊、蝴蝶犬等都是较好的选择，50~80平方米的房子可以饲养中型犬，近年特别受欢迎的柴犬、柯基就在此列；80平方米以上的房子可以考虑养一只大型犬，金毛、拉布拉多、哈士奇也受很多家庭的喜欢。但无论狗的体形大还是小，即使有足够的家庭空间饲养狗，仍然需要带它们外出运动。

◆ 狗在家中需要有几个明确的区域

休息区是面积相对小的地方，可以是一张睡垫、一张狗行军床、一个航空箱、一个笼子。这是狗的窝，是狗睡觉、休息的指定地点，只要让狗能够舒适地容身，并且感到安全即可。对于中小型犬，我非常建议主人使用狗行军床或者航空箱作为它的休息区。

休息区不应该过大，就算你拿一张大床垫给狗睡，它也只能睡在其中一个角落。太大的休息空间反而会让狗觉得没有安全感，睡得不踏实，甚至会对整个空间进行守护，情况严重时，狗会对靠近自己休息空间的人进行警告和攻击。

睡垫

航空箱

狗的行军床

狗屋

　　休息区应该布置在一个干扰尽量少的区域，我们也不希望自己卧室旁边是邻居的客厅。同样，如果把狗的休息区安排在一个干扰多、刺激源多的位置，它就永远没法安稳地睡觉，并且时刻处在警惕、紧张的状态当中，从而引发各种行为问题。

　　活动区的面积相对大一些，建议是一个2~4平方米的围栏区域。对于幼犬而言，我并不建议一开始就彻底散养，让它在家中所有位置随意行动，会导致其他问题的发生。使用围栏给幼犬划定一个活动区，能对它进行非常好的行为管理。

　　活动区不能太小。现代养宠家庭一般白天家里长时间没有人，狗如果一直被困在一个狭小的空间里面，容易焦虑不安。区隔开来的活动区能在一定程度上解决狗乱咬物品的问题，但是焦虑吠叫，甚至自残的问题无法解决，因此应给狗提供一个足够宽阔的活动区，能让狗在独处的时候消耗精力。

使用围栏是一个重要的方式，要注意尽量使用纯竖条的围栏，避免使用中间有横隔条的围栏。一些聪明的狗在尝试过攀爬跳跃之后，会发现能用横隔条借力，这样围栏就形同虚设了。

活动区也可以是一个独立的室内空间，例如一个不会太晒的通风阳台（避免夏天狗中暑）。如果狗不会乱拉、乱咬东西，你可以把整个客厅作为它的活动区，但仍然建议使用围栏对狗的活动区域进行限制。而当狗逐渐成长并且养成了良好的生活习惯之后，就可以取消围栏，扩大狗的活动区域了。

没有高门槛，狗进出方便；没有横隔条，狗无法翻越

客厅围栏区

独立房间

阳台

排便区是一个独立分隔，能把狗关闭在其中的区域。很多人认为在狗的休息区或者活动区放一个狗厕所就可以了，其实这是错误的。在狗的世界里并不存在"厕所"的概念，也不存在"拉了之后要清理，否则家里会脏、臭"的想法。所以，狗并不会因为有个狗厕所存在，就自觉地在上面排便。我们需要有一个独立的区域放置狗厕所，并对狗进行限制、引导，让它形成习惯。后面我们会具体谈到如何引导幼犬进行定点大小便。

排便区可以安排在活动区里面，独立分隔，单独设置一个可以开关的门——这一点非常重要。需要对狗进行排便引导时，把狗关进去，而无人看管的时候，则要打开门让狗能自由进出排便。

排便区也可以安排在我们的厕所或者浴室。由于家庭空间的限制，或者为了方便清理，让狗在厕所排便是可行的。但是这里需要注意两个问题，其一是狗从休息区到厕所的这个活动路线是否有阻隔、是否太远、是否中间有很多干扰，会导致狗并不方便走去厕所排便；其二是家里没人的时候，你是会把它彻底放出，让它自由活动，还是会将它关闭在休息区、活动区中，如果是后者，家中无人的时候它就无法去厕所排便，只能在自己所在的区域乱拉。

围栏布局

独立排便区

在厕所放尿垫

排便区尽量不要紧贴休息区。狗是爱干净的动物，它们并不喜欢在自己睡觉的地方排便，所以能把两个区域分隔开是更好的。一些狗在自己的笼子里又睡又吃又排便，是幼犬期被宠物店长期关在笼子里导致的行为紊乱。

进食区是给狗安排的一个固定的进食区域，让狗可以安心进食。主人也要学会正确喂食，避免狗发生护食的问题。喂食可以在活动区里进行。狗的进食区需尽量开阔一点，不要让狗钻到"洞穴"里吃东西，否则狗护食行为的发生概率会升高。

◆ 如何合理布局？

理解了狗的生活空间需求之后，我们再回头看看前面的几个案例，就很容易理解为什么错误的布局会让狗对我们的生活造成那么大的困扰了。

小单间里的柯基，因为没有独立的排便区，所以当主人希望引导狗排便的时候，狗不拉，主人也毫无办法。如果把狗限制在一个排便区（可以是人的厕所）里面完成排便行为，它就不会钻到床底下排便，并形成习惯。

而那只爱钻床底、害怕主人的狗，则是因为主人没有给它一个指定的休息区。最适合它的就是安全感十足的航空箱，并且主人需要让狗明白那是它不会受到干扰的窝，它才不会去寻找其他藏身之处。对于缺乏安全感喜欢躲藏的狗，除了给它一个航空箱休息之外，还应该把家中的所有"洞穴"都封闭起来，让狗无法进入，这样进入自己的窝休息就成了狗唯一且最佳的选择了。

一家三口中的贵宾和复式大房子里的博美是同样的问题——狗被安排在了人的生活动线的核心位置，狗时刻被打扰，而狗又刚好是安全感不足、敏感的性格，因此狗会感到害怕、焦躁，从而做出攻击守护行为。不要觉得"这个地方反正我们用不着就给它"，省出了一点空间，却可能带来诸多的生活不便。把狗安排在一个干扰更少的地方，人狗不用互相提防，信任度自然更高。

提到生活动线，人的生活动线也是需要被照顾到的。四口之家中的拉布拉多的休息区，就明显对婆婆的生活动线带来了极大的妨碍。这种不合理的安排狗感知不到，但会给家庭带来很多生活矛盾。但这个家庭的核心问题不是调整布局可以解决的，养狗应由家庭成员达成共识（详见第一章第五节），没有这个作为基础，不合理的布局只会加剧矛盾。

而在别墅养犬的通病则是因为地方大，而且彻底放开不做区域的限制，导致狗像生活在户外的大自然里一样。一只狗生活在大自然当中，那自然哪里都是可以随意行动的区域了，把别墅环境折腾得鸡飞狗跳是必然的事情。最简单的方式是使用狗屋和围栏，在庭院中合理布局狗的休息区和活动区，并且可以使用围栏对院子当中的盆景植物、设施设备进行有效的防护。在距离活动区稍远、也不干扰家人日常活动的区域设置狗的排便区。排便区可以安排沙池，方便冲洗。这样的环境狗生活起来是很开心的。

无论是两室一厅的门内小玄关，还是别墅的前院铁围栏，都是家庭空间的核心入口，把狗安排在这里活动、休息，狗必然会把它守护领地的天性发挥到极致。听声见人就吠叫的狗是不会有邻居喜欢的。把狗安排在远离门外声音信息的区域，减少其守护的行为，就能改善邻里关系。

除此之外，养幼犬的家庭对于空间的整理也是非常重要的。幼犬有强烈的探索欲望，当它进入一个新的家庭，一个崭新的空间里到处都充满新鲜刺激的气息，它会使用鼻子、嘴巴去探索这一切。在一个整齐干净的家庭中，狗捣乱的概率会降低。而物品胡乱放置、食物垃圾到处都是的环境，不但不会令幼犬讨厌，反而会使它乐在其中。

把鞋子放到带柜门的鞋架里面，把散乱的物品放到箱子里收好，把食物用瓶罐装好放高，把垃圾桶换成带盖子的类型，把贵重物品放到狗无法接触的位置，这些都是把幼犬带回家之前需要做的事情。你可能觉得为了狗要做很多事，但如果养一只心爱的狗还能让你的家变得更加整洁干净，何乐而不为呢？

◆ 关键的布局建议

1. 狗需要有最基本的休息区、活动区、排便区。

2. 使用围栏分隔出独立区域，限制狗的活动范围。

3. 避免将狗放在容易激发其领地守护行为的门口区域。

4. 避免将狗放在容易干扰人的生活动线的区域。

5. 避免彻底不做区域限制。

6. 严禁长时间将狗关闭在小空间中。

7. 使用围栏门限制狗进入部分区域。

8. 重视收纳整理。

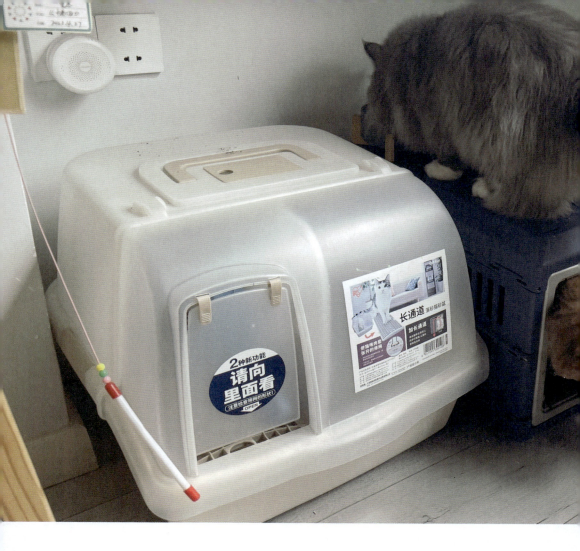

给猫狗家庭的小提示

有的家庭会猫狗共养，而猫狗并不会一开始就和平相处。猫可能会害怕新来的狗，而狗又可能会特别贪玩地追逐猫，或者因为贪吃把猫粮都吃光了。如果家中先有猫再有狗，尽量不要改变猫原来的区域布局，把狗安置在远离猫的区域，让它逐步熟悉家庭生活。但需要注意调整猫的食盆（或者自动喂食机）的位置，放到高处是一个不错的选择，因为猫可以跳上去吃，而狗再想吃都没办法。

小云的饭盆在蛋挞的航空箱上面，猫粮从来不会被蛋挞偷吃

第二节
养一只狗的花费

> 既然你打算养一只狗，那么你需要提前知道究竟要在它身上花多少钱。我就直接给出答案吧：正常饲养一只狗，它的一生要花费10万元是较合理的。

你别这样就怕了，上面这个费用还真不是随口而来的，请耐心看下去，你会觉得这个数字相当的合理。

◆ 养一只狗一生的支出概览

现在很多的萌宠内容只把狗可爱的一面展示出来，而养一只狗有多费劲、多花钱，却基本不提。有些人兴致一来就想要养狗，这种情况多了去了，我也只能苦口婆心地给他们泼冷水。

养过狗的人都知道，现在养一只宠物狗真要花不少钱，我给你算算。

大中型犬花费	
购宠	1000元至数万元
饮食	5000~7000元/年
美容	1500~3000元/年
犬证	第一年500元/年，之后300元/年（以广州为例）
疫苗	200多元/年
驱虫	体内外一共800~2000元/年（取决于选择的药品）
牵引绳、项圈、玩具等	200元以上/年
初期必要硬件花费（狗窝、笼子等）	700元（普通级别）
伤病治疗	花钱如流水
选择性支出	
旅行/寄养	700元/次
体检	200~300元/次
狗带来的破坏费用	至少800元/年
绝育	1000元左右

特殊支出	
保险购买、伤人赔付、人受伤打针等	未知数

可以看到，数值范围比较广，或者无法估计的项目还是不少。是不是觉得总数有点难算？其实并不困难，只算饮食、美容和驱虫几项基本需要，一只中大型犬一年的开销基本要9000元以上，养10年就超过10万元了，算这个账我都不需要问数学老师。

有人会觉得大型犬就是吃得比较多，小型犬吃得少，开销就少了一大半。事实真是这样吗？

小型犬花费	
购宠	500元 至上万元
饮食	2000~4000元 / 年
美容	2000~4000元 / 年
犬证	第一年500元 / 年，之后300元 / 年（以广州为例）
疫苗	200多元 / 年
驱虫	体内外一共800～2000元 / 年（取决于选择的药品）
牵引绳、项圈、玩具等	100~200元 / 年
初期必要硬件花费（狗窝、笼子等）	500元（普通级别）
伤病治疗	花钱如流水
选择性支出	
旅行 / 寄养	500元 / 次
体检	200~300元 / 次
狗带来的破坏费用	至少500元 / 年
绝育	1000元左右
特殊支出	
保险购买、伤人赔付、人受伤打针等	未知数

◆ **一些可有可无的支出，算起来让你咋舌**

　　小型犬虽然吃得少，可美容贵啊。而且美容这部分，很多主人都不愿意省，毕竟美容对于狗的外形来说很重要。本来就打算养一只萌萌的狗，难道要省这么一点钱不让它更好看吗？绝不！就算自己不剪发，也要给它剪个最萌的造型。洗个澡、剪个毛就要200元，再加上高级沐浴露、精致洗护、专业造型等，随便就能花个三五百元。有的人会说，我自己剪个头发才50元，凭什么一只这么小的狗就要花上百元啊？答案其实也挺简单——你不会咬发型师，还请理解一下宠物行业从业者的艰辛。

 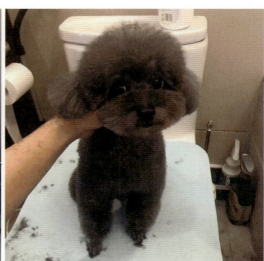

美容前后判若两狗

　　而且小型犬真的会在不知不觉之中成为"吞金兽"。狗的萌，必须搭配更多的美。当你闲着没事刷"种草"视频的时候，看到一个好看的睡垫就想给它换一个，看到一条闪亮的绳子就想拥有。给它拆快递的时候，比收到给自己买的东西还要兴奋。你觉得今天花30元、后天花80元也没多少，殊不知一年下来算算总额，发现快要因为狗"破产"了。不

吞金兽

过，第二年你还是会觉得款式不好看，重新再买一批。

给我家狗买过很多可爱的衣服

　　我去过很多养狗家庭，多次看到非常雷同的家中一角——通常是一个桌子或者一个柜子，上面除了一大桶狗粮之外，摆满了各种瓶瓶罐罐和小袋子，全是狗的各种零食、磨牙棒、骨头、营养补充剂。有不少主人把狗带到我们这里进行行为调整的时候，用一个大行李箱，把狗的各种用品、零食、玩具给一起搬了过来，生怕狗吃不好、过得太寂寞。说实话，每次看到这种场面，我都觉得很佩服。并不是佩服主人愿意为自己的狗花钱，而是他们能花时间轮流把这些零食、玩具给狗吃和玩，还每天不厌其烦地在狗粮中加各种营养补充剂。

很多人家中都有这样一个狗的零食柜

除了美容和饮食，还有一个很花钱的项目——伤病治疗。这方面的支出还真没办法准确预估，特别是幼犬。小病小痛的话，验个血、开点药，几百上千元就可以解决。但是像犬瘟、细小这种病，没有几千上万元一般治不好（有些主人拼尽全力，可能最后也挽救不了狗）。换牙期的狗，有时候会因为乳齿掉不下来而口腔发炎，这时候你只能给狗拔牙。可你知道给狗拔牙，要给它全身麻醉吗？所以，你自己去拔颗智齿，可能花两三百元就够了，但给狗拔一颗牙，没有五六百元根本搞不定。对了，千万千万别给自己的狗吃人类的饭菜。我认识一只柴犬的主人，她只是给狗吃了一顿炒饭，它就犯胰腺炎了，除了治疗费用昂贵之外，之后的饮食还得格外注意。还有超级折磨狗又折磨人的皮肤病，只要一得皮肤病，狗无比难受不说，还会发出难闻的气味，充斥整个房间。有的狗需要长期涂药，有的狗需要定期药浴，有一些皮肤问题还会每年定时复发，让人和狗都苦不堪言。如果你家狗不肯让你帮它涂药，你还得天天把它送去宠物医院，其中的辛酸只有主人自己知道。我提供自己的两只狗的相关数据供大家参考。贵宾蛋挞，7个月时，拔1颗乳牙花费680元；8岁时，拔7颗蛀牙花费2000元。蝴蝶犬猪猪，8岁时，子宫蓄脓手术治疗花费8000元；13岁时，右后腿骨折，钢板接驳手术治疗花费1.8万元。

蛋挞经历过多次治疗

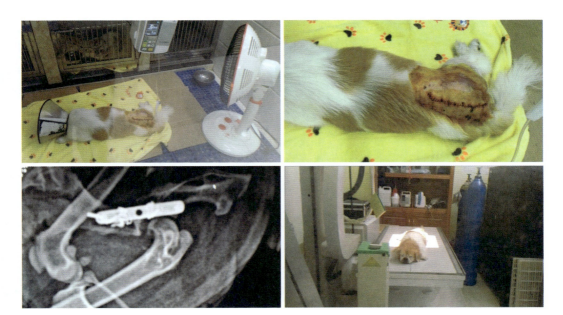

猪猪也经历过多次治疗

当然，我听到过很多主人选择放弃治疗，一些主人的表达也非常直白："什么？治疗费用比我买它还贵，那不治了，我再买一只好了！"不同人的选择当然是不同的，当年陪伴了我13年的猪猪在意外受伤后，我马上把它送到了宠物医院。它已经13岁高龄了，医生告知我它未必能在手术台上醒过来，但是我看到它眼神中强烈的求生欲，以及对我深深的依赖和信任，回答："无论如何都要试，多少钱我都治！"因为猪猪是我的家人。

所以，我还真没法跟你算伤病治疗的费用会有多少，那取决于你的狗有多健康，以及遇到情况你愿意为之付出多少。而日常把狗照顾好，驱虫、定期体检一个不落下，尽量让狗一辈子过得健健康康，这样才是最省钱的。

还有一项波动非常大的费用我不得不提，就是狗给别人带来麻烦后的赔付费用。因为工作的特殊性，我经常遇到的都是一些行为问题比较多的狗。一些狗在路上碰到其他狗就打架，遇到路人就扑上去咬，主人只能跟在后面不断给对方赔款道歉。说两个印象深刻的。一只小黑柴犬的女主人，她的狗老扑向路人并咬伤人，她跟我说的原话是："我实在没办法了，每次它扑到别人身上，我就要少一个包包（的钱），我再不找你，以后都不用买包包了。"另一个是别墅家庭里的小串串，他们一大家子人住在别墅里，经常有亲朋好友来访。只要有人来，他们的狗就冲上去凶人，偶尔还会直接咬人，已经咬伤了20多个人，保姆阿姨都吓跑了几个。虽然他们支付得起赔偿款，但如果问题严重到赔款都无法解决，那还真是令人头大。如果你希望这项波动如此大的费用不产生，其实很简单：耐心看完本书，把狗养好，在幼犬期就把狗的行为习惯规范好。一只行为习惯良好的乖乖狗是不会让你有这个烦恼的。

当然了，你可能会说有的狗一个月花费一两百元一样养得活，穷养的办法总是有的。没错，那么我们就不看特例，看看总体消费水平吧。根据《2019年中国宠物行业白皮书》，狗主人每年的平均消费是6771元。而且现在家养的狗，吃好喝好能活15年的不在少数。再加上医学的持续进步，狗的寿命会越来越长。6771元乘以15年，超过10万元，加上购宠、其他杂项，还有最后的丧葬费用等，养一只狗一生的费用，怎么算都要10万元以上。

◆ 为幼犬选购实用的必需品，节省开支

养狗是个需要持续支出的事情，所以钱就应该花在刀刃上，让不必要的支出尽量减少。首先就是给幼犬添置物品的时候，尽量选择实用、耐用的必需品，这样，在很长一段时间内的支出基本都是可控的。

1. 狗粮要买好的，偶尔自己制作

聪明的主人都知道，狗吃得好，疾病才会少。那些吃剩饭剩菜，或者吃质量较差的狗粮的狗，在短期内可能不会出现什么大问题，但长期下来，狗的毛发会变得稀疏粗糙、毛色变差，会出现泪痕，甚至出现免疫力下降等问题。所以在买狗粮时，聪明的主人都会挑一些质量较好的狗粮，这比以后付出几倍的医药费节省得多。在零食方面，当狗处于幼犬期时，并不需要购买零食。如果有空，给狗做点水煮鸡胸肉即可，便宜、健康又好吃，狗一定超喜欢。

狗粮是狗的主食，选择合适的狗粮很重要

2. 用围栏限制狗的活动区

幼犬还不能稳定排便，而且喜欢乱咬东西。不管你多么希望狗在家时能自由自在，为了让狗从小形成各种良好的习惯，你都应该对它的活动范围进行限制。但是我们也不能够因为狗体形小，就长时间把狗关在一个小笼子里，这会让狗形成非常多糟糕的行为习惯。应根据你家里的布局考虑需要购买的围栏或者围栏门。如果要把狗限制在一个小房间或小阳台之类的独立空间里，只购买一个围栏门就能解决问题。如果要在客厅给狗划出一块地方，那么围栏就是最好的选择了。在围栏的选择上，我通常建议大家选择最为简洁的类型。另外，一定要选择最低矮的门槛，那种高门槛的围栏门对幼犬一点都不友善。如果狗无法自行进出，而是每次都由你抱着它进出，狗很大概率会讨厌这个围栏区域——因为它是被迫进入的。而活动区的大小应根据你家中的空间设定，我认为3~4平方米会比较合适，这个大小也方便之后进行排便区的划分。

围栏门和围栏能帮助我们管理狗的活动区

3. 使用航空箱，而不是狗笼、狗窝

我们买了围栏，还需要在里面给狗安排一个可以关闭它的小空间。有人问，不是说不要关着狗吗？先别着急，围栏区对狗来说是一个完整的生活空间，狗可以在里面休息、睡觉、玩耍、吃饭、喝水、上厕所。那么，怎么让狗知道在这几平方米的围栏区里，哪个地方是做什么事情的呢？一个航空箱就能帮上我们大忙。正确使用航空箱，能够让狗习惯在一个安静的小空间里休息，能够引导它忍耐排便和定点排便，能够让它有充足的安全感。对狗而言，一个刚好能躺下休息的航空箱，比一个六面透光的围栏舒服得多。养成了住航空箱的习惯后，如果你要带狗出门打针或者游玩，它也会更为舒适。这能为你带来非常多的便利。在幼犬期你完全可以不购买狗窝，因为狗很容易弄脏狗窝，脏了之后洗起来麻烦，丢了又浪费。把你的旧衣服给狗垫在航空箱里就足够舒适了，能闻到你的气息，狗也会睡得更踏实。

狗在航空箱里休息

4. 饭盆、水盆，不锈钢的可以用一辈子

如果你不是特别在意外观，就没必要选五颜六色的塑料碗、陶瓷碗，不锈钢的碗最实在。狗对塑料碗的异味比较敏感，而且塑料碗中的化学物质会不断释出，这种刺激可能会对狗的健康产生影响。陶瓷碗当然漂亮，但是我没见过不被打烂的陶瓷碗。性价比最高的就是不锈钢碗，它不可能被打烂，可以用钢丝球随便刮擦清理，只要你不嫌弃它看上去单调，用到多久都不是问题。

塑料碗易脏易坏，不锈钢碗可以用一辈子

5. 狗厕所、尿垫，一个专用的吸尿拖把

狗厕所并非必需品，有的家庭会引导狗到家中的厕所里排便，然后直接冲掉，这也是一种方便的选择，但在很多家庭里，使用狗厕所还是更为便捷的方式。选择狗厕所的时候，不要选太高的，尽量选低矮简洁的，因为狗并不喜欢在一个奇奇怪怪的东西上面排便，它们的世界里不存在厕所这样的东西。尿垫是非常需要购买的，清理起来方便很多，应选择和狗厕所尺寸一致的尿垫，关键要注意尿垫的吸水能力。狗厕所最好能够完整地扣住尿垫，这样能有效避免幼犬啃咬尿垫。尿垫除了在狗厕所里用，还可以随时拿起来吸尿，当狗在一些不该排便的地方尿了之后，用尿垫吸走是最方便的方式。如果你觉得这样有点浪费，也千万不要用你们家的拖把直接吸尿，必须单独购买一个专门给狗清理排泄物用的拖把。用这个拖把吸干净尿液之后，再用家中的常用拖把进行地面的清洁，这样才不会因为拖把混用，导致被拖过的地方都残留尿液的味道。

狗厕所

尿垫

专用拖把吸尿

尿垫吸尿

6. 磨牙玩具必不可少

幼犬的磨牙玩具不可省。幼犬一定会用嘴巴去探索世界，当它到了你家之后，没有了和兄弟姐妹玩耍打闹的机会，找东西啃咬就是它最大的乐趣了。如果你不给它能咬、好咬的东西，它就会自己去寻找一切能咬的东西来磨牙。这就跟小孩子一样，不喝奶的时候会把手指、衣服、毛巾往嘴巴里塞。给狗买一些磨牙玩具，让它有东西咬，它就不会乱咬家里的东西，也会降低把你的手脚当玩具的可能性。可以买一些磨牙咬胶，以及比较结实的绳结类玩具，一定要买比较大的，这样狗不容易吞下。

磨牙玩具

7. 选择合适的牵引绳

一定要为狗购买牵引绳，让它从小就适应牵引绳，以后外出就方便得多。我个人并不建议购买胸背带。虽然很多人觉得胸背带不会勒到狗的脖子，而且很多胸背带都很好看，但因为胸背带本身就是给狗拉扯东西用的工具，所以错误使用胸背带很容易将狗引导出持续拉扯人的坏习惯。比较建议给幼犬购买项圈或者P绳，让它尽早适应绳子在脖子上给出的轻微提示。项圈方面，应选择柔软的材质，尽量不要买硬皮的，否则戴在脖子上会很不舒服。P绳是很好的工具，好的P绳能非常流畅地滑动，因为使用P绳的目的不是勒住狗，而是让狗学会放松。不需要担心项圈或者P绳会勒伤狗，只有当你错误地使用它们，使劲拉紧才会伤到狗。在后面介绍正确随行的章节当中，我会详细告诉你如何正确地使用绳子，让你和狗都非常轻松。

绳子

项圈

8. 干洗泡沫/干洗粉

　　幼犬在较长一段时间里都不适合洗澡，但是它们很容易弄脏自己，不管是吃饭、喝水，还是到处乱钻、乱爬，或者是将排泄物弄到身上，都会让可爱的幼犬变得脏兮兮的。幼犬不能洗澡的时候，使用干洗泡沫或者干洗粉，就能帮它进行有效又安全的清洗。使用的时候，先把幼犬放到高台上让它稳定下来（还可以使用牵引绳控制它不乱窜），直接把干洗泡沫涂抹到需要清洗的部位，擦拭干净之后再用暖风吹干即可。如果幼犬的毛发粘到脏水或者尿液，较难清洗，使用干洗

用干洗泡沫清洗幼犬身体

粉更为有效。在脏污的毛发位置撒上干洗粉之后，用梳子持续梳理，毛发就会变干净。还有一些手套型的湿巾，能够非常方便地快速擦拭幼犬全身，也是非常便捷的清洁工具。

用干洗粉清理脏污

9. 梳子、磨甲器、牙刷、牙膏

梳子、磨甲器、牙刷、牙膏都是给狗进行身体护理的相关用品,一只正常的狗会觉得这些东西散发着奇怪的味道,有不舒适的触感,因为在狗的世界里没有这些不属于大自然的东西。但是你越早让狗熟悉并且接受用这些物品对它进行的身体接触和护理,你在之后的日子里对狗进行日常的护理照料就会越方便。注意幼犬期先使用磨甲器而不是指甲剪,因为作为新手的你未必懂得如何给狗剪指甲,一不小心剪破了,狗可能会因为疼痛而非常害怕,你以后就没办法顺利操作了。使用磨甲器可以每次轻轻磨掉一点指甲,狗不会感到疼痛也不容易出问题。

给狗梳毛

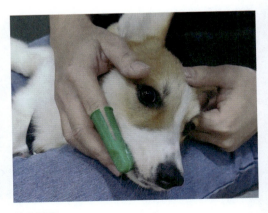

给狗磨指甲　　　　　　　　给狗刷牙

10. 驱虫药，买质量好的定期用

前面提到过，定期给狗进行体内外驱虫是非常有必要的。驱虫药注意一定要按说明使用，不可过量。使用体内外同驱的滴剂是最简单的，直接滴在狗脖子后面的皮肤上即可，这个位置狗无法舔到，所以最为安全。注意驱虫后的一周内不要给狗洗澡，否则效果会打折扣。记得给自己调一个周期性闹钟，每月定期给狗驱虫，不然特别容易忘掉。

给狗定期驱虫

以上这些东西都是必定会用到的，而且大部分是可以长期使用的，选定一个好的产品，以后就不用烦心挑选和更换了。

◆ 亲力亲为最节省

如果你真的想在养狗这件事情上省点钱，其实还是有很多好方法的。例如不要买狗，而是去领养一只，这样既能帮助流浪狗找到新家，又能节省一笔昂贵的购买费用。

而日常省钱最简单的方法莫过于凡事亲力亲为了。每天亲自给狗做体表清洁、梳毛检查、擦眼滴耳等，能够亲自为自己的狗洗澡、剪指甲、挤肛门腺，甚至自己学习修剪造型，每个月可以省下不少。

我给蛋挞剪毛的效果：剪毛前

我给蛋挞剪毛的效果：剪毛后

每天坚持遛狗，保证充足的遛狗时间，让狗消耗精力和外出排便。不乱喂食各种东西，想让狗尝鲜，就自己照着宠物食谱为它制作料理，原材料便宜又干净，自己还能做出不同的花样。狗有了充足的运动和健康的饮食，身体才好。

我给蛋挞做的零食

去图书馆借阅各种专业的养宠书籍，学习怎么照料狗，怎么对其进行训练、调整，或者选择专业靠谱的视频课程观看学习，当然，还有认真反复阅读本书，让狗建立良好的行为习惯，与狗行为问题有关的费用就不会产生了。

花时间训练狗

　　不要将这种亲力亲为等同于不舍得花钱，饲养自己心爱的狗，亲力亲为地做更多的事情，不正是和狗一起生活的乐趣所在吗？你为它付出的时间和心思，一定能得到超预期的回报。

本节小书签

1. 养一只狗，照顾它一生的费用基本在10万元以上。

2. 波动较大的主要有与狗伤病和意外事件有关的费用。

3. 为狗购买实用的必需品，其实可以非常省钱。

4. 自己多动手，既省钱也能增进和狗的感情。

第三节
幼犬的喂食和照料

对新手主人来说，狗到家后，该怎么开始照顾它是最大的疑惑。给它吃什么？吃多少？水给不给？零食能不能给它吃？脏了能不能洗澡？这些是一定会遇到的问题，只要一件件搞明白，照料狗的时候就一点都不用慌。

◆ 幼犬的断奶

帮幼犬做断奶狗粮

虽然越小的幼犬看着越萌，但我确实不建议在幼犬尚未断奶的阶段就将它带回家。幼犬太早离开狗妈妈和兄弟姐妹，将无法学习到正确的群体相处方式，更重要的是，太早断奶对它形成抵抗能力和吸收营养的能力都是弊大于利的。建议在幼犬出生8周之后再将它带回家。不管出于任何原因，将尚未断奶或者刚刚断奶的幼犬接回家时，我们需要人为地帮助幼犬进行断奶的过渡。

一般幼犬在出生一个月后就可以逐步断奶。在帮助幼犬断奶时，不要突然把母乳换成狗粮，最好制作断奶狗粮，让幼犬渐渐适应。

断奶狗粮这样做：用温水（或羊奶粉冲水）把狗粮泡软后，用勺子把狗粮碾碎，然后搅拌成糊状。幼犬在大约6周大的时候，通过食用断奶狗粮，可以逐渐脱离母乳。

羊奶粉冲水泡狗粮

◆ 幼犬早期的狗粮可以浸泡后喂食

每次给幼犬准备这样的断奶狗粮都挺花时间的，而且一不小心，会很容易做多。需要注意，这些泡了水或者泡了羊奶的狗粮暴露在空气当中，是非常容易变质腐败的，所以在给幼犬制作断奶狗粮的时候，分量不宜过多，尽量让幼犬能一次吃完。如果幼犬吃不完，也不要放着等它下顿继续吃，应该把断奶狗粮倒掉，将饭盆清洗干净、消毒，下一顿再重新制作新鲜的断奶狗粮，以免幼犬敏感的肠胃因食用变质的食物而出问题。

幼犬断奶后，就可以换成喂食幼犬粮。但在开始阶段，仍然建议先将狗粮泡水再喂食。一般来说，年龄在45~90天的幼犬，它们吃的狗粮都要用水泡一泡。这样除了可以让狗粮更容易被消化以外，还能方便牙齿还不好使的幼犬直接将硬硬的狗粮吞进肚子里面。

建议主人用热水浸泡狗粮，泡5~10分钟，狗粮就可以变得足够松软。水温下降至室温时，将狗粮里多余的水分沥干，就能给幼犬吃了。因为狗粮含有足够的水分，所以幼犬在吃了泡过水的狗粮后，它们的饮水量会减少，这是正常的反应，主人不需要过于担心。

热水浸泡狗粮

◆ 喂食幼犬最容易犯的三大错误

当幼犬开始吃狗粮后，我们可以在一只正常的幼犬身上看到什么叫作"饥不择食"。它们仿佛是一个吞食机器，只要发现食物，就会表现出极其强烈的渴望，拼了命地想赶紧把所有食物吞到肚子里。这种行为既可爱又让人觉得吃惊。很多主人观察到幼犬这种状态之后，就会不自觉地做出非常多的错误喂食行为，包括以下几种。

典型错误1：狗粮全天不限量供应。

"我觉得它好像整天都吃不饱"，这是我听到的新手主人在喂食时说得最多的一句话。于是，主人一看到狗的碗空了，就会立刻盛满，生怕狗吃不饱。但其实，这种喂食方法会让狗觉得"什么时候都有食物，食物并不缺乏"。狗又是不知饥饱的动物，有得吃就会拼命吃。因此有的狗每天吃撑，从小就把肠胃撑坏了，有时吃腻了觉得不吃也行，逐渐变得挑食，失去对狗粮的兴趣。

狗对满满的狗粮没兴趣

典型错误2：给狗吃很多零食。

很多主人给狗零食时毫不吝啬，平时除了狗粮外，还会给一堆肉干、芝士棒、饼干、冻干肉等。因为他们觉得给狗吃零食是一种爱的表现。正餐不好好吃，却不停地吃零食，这不仅会把狗的嘴养刁，还容易让狗的体重超标，甚至导致狗彻底不吃任何狗粮。幼犬期，除了特殊情况，如需要训练或奖励时可以多给狗一些零食，其他时候没必要给太多零食。而且幼犬肠胃脆弱，很多零食并不适合幼犬食用。

给狗喂零食

典型错误3：给狗吃人类的食物。

我相信很多人一开始并没有刻意去这么做，但是当你抱着狗吃饭，或者它就蹲在你的餐椅下面眼巴巴地看着你的时候，你的心就化了，不自觉地就给狗夹上一口米饭、一小块肉等。我们吃的东西加了各种调味料，这些食物对于狗来说，算是天上掉下来的绝佳美味，尝过之后就欲罢不能。看到狗这么喜欢吃，主人就会被狗的行为激励，每顿饭都给狗喂点自己的食物，甚至慢慢变成把狗粮换成人吃的东西。这很容易导致狗营养失衡、胃肠功能紊乱，并且非常容易引发皮肤疾病。

给狗喂人吃的东西

这些错误的喂食习惯，都源于主人对狗的饮食需求不了解，用自己的想法去猜测狗的需求，错误地认为狗断奶后什么都能吃，狗吃不饱就要多给食物，狗喜欢吃的就可以多吃。其实，无论是人还是狗，饮食都需要有节制，营养需要均衡。

◆ **喂食狗粮需要关注这些**

1. 一定要给幼犬喂幼犬粮

别觉得成犬粮看着和幼犬粮差不多，随便喂也行，其实大部分狗粮在幼犬粮和成犬粮的配方上都会有明显的差别。

同品牌成犬粮和幼犬粮的对比

2. 细心计算喂食分量

不要很随意地估计喂食的分量，应根据幼犬的品种、年龄、体重，从狗粮包装袋上找到相应的喂食分量。

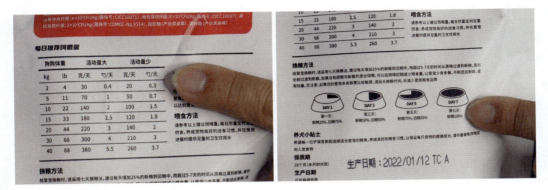

狗粮包装袋上的标示

部分狗粮还要求根据幼犬运动量的多少来决定喂食的分量，注意狗粮包装袋上提到的分量都是一天的分量。如果你的幼犬一天喂3顿，那么就要把一天的分量除以3，再进行每顿的喂食。由于幼犬的消化功能还不是很好，因此给幼犬喂食要少食多餐，这样不仅能增加幼犬的饱腹感，还能让它们更好地消化。

年龄		一天吃几顿
出生后4~8周（断奶期）		4顿
幼年期前期	小型犬2~6个月	3顿
	中大型犬2~12个月	
幼年期后期	小型犬6~12个月	2顿
	中大型犬12~18个月	
成年犬	小型犬1岁后	1~2顿
	中大型犬18个月后	

注意，上表中的建议并不是需要绝对精准地执行，在狗的成长过程中，你需要观察狗的进食情况，再进行适当的调节。比如有的家庭并没有时间喂食3顿，可能就需要更早地调整成喂食2顿。相对喂食次数而言，一天的喂食总量才是更需要精准执行的。

3. 严格定时定量喂食，定时吃不完拿走

假设你已经按照分量分好了每一顿的狗粮，但狗在这一顿没有将狗粮吃完，你需要做的事情是在10分钟后把整个饭盆收走，不要一直引导它继续进食，或者放在一旁让它随时进食。通过一段时间的规律喂食之后，你能准确地观察到狗是否每次能够吃完对应的分量，你是否需要增减狗粮的分量。同时，这也能让狗养成专心吃饭的好习惯。我并不建议使用自动喂食机进行喂食，因为每顿没吃完的狗粮很容易在盆中堆积，狗进食的时间会变得不规律，挑食、厌食等问题就容易发生。

及时拿走还有狗粮的饭盆

吃进肚子的东西是要消化排出的，因此我们完全可以通过狗的排便情况了解目前的狗粮是否适合它，以及喂食的分量是否合理。我相信每一位认真饲养的主人都会购买正规合格的狗粮，但是即使是一款很贵的狗粮，有的狗吃了也有可能不适应。这里面的因素很多，可能一些成分并不适合狗的肠胃，也可能蛋白质含量过高，狗的消化能力比较弱，无法承受。所以，如果你家狗吃了一款狗粮之后天天拉稀，或者泪痕严重，而别的狗吃了没有问题，那么不要犹豫，也不要觉得浪费了这包狗粮，尽快给狗选择另外一款合适的狗粮吧。

在给狗更换狗粮的时候，请采用七日换粮法，不要突然彻底更换，每天替换部分旧狗粮，让狗的肠胃逐步适应狗粮的变化。

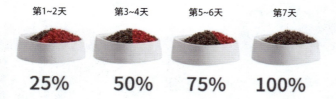

当您需要为狗换粮时
建议采用七日换粮法

为何要七日换粮？
狗的肠胃比较敏感，使用七日换粮法，可以避免突然换粮引起的消化反应应激和腹泻。

每天提高新粮比例，让狗的肠胃逐渐适应。

第1~2天	第3~4天	第5~6天	第7天
25%	50%	75%	100%

◆ 狗排便异常的处理方法

幼犬的大便是监测幼犬健康情况的晴雨表。正常的幼犬每天可以排3~5次大便，而且多数在进食后不久就会排便。如果狗的便便成形、结实而不过分干燥，就是健康的便便。如果便便很软，甚至不成形，那就证明狗的肠胃出问题了。

这时候只要狗的活动状况、神情状态都正常，就不用过分担心，可以先直接停食1~2顿进行观察，如果停食后狗停止拉软便，再次喂食后便便恢复正常，那就没有什么大问题。

如果恢复喂食后，没多久狗又开始拉软便，那么非常有可能是喂食过量，导致狗无法消化。千万不要以为狗吃多了，就能长得壮、长得更快。如果肠胃无力消化，并且长期在无法很好消化吸收的状态下，狗吃得越多越不长肉。这种情况下，应逐步减少每顿的喂食量，再观察狗排便是否正常。细心观察、耐心调整，你就是狗的喂养专家。

在这里需要特别提及益生菌的使用。益生菌的作用是调整狗的肠道菌群，改善消化问题。但是我遇到过一些主人，狗明明很健康，他们却天天把益生菌混到狗粮里给狗吃，这反而让狗的肠胃不适。只有在狗的肠胃不适时，有拉稀呕吐的情况出现，但又不严重的时候，主人可以自行喂食一两天的益生菌进行调整。喂食益生菌的时候可以混入狗粮里，如果需要停食，则用温水搅拌好喂食即可。注意，如果服用益生菌后狗的问题没有明显改善，就应该尽快带狗就医检查。

至于各种零食和营养品，我的建议是可免则免。狗平时吃的狗粮中的营养足够使它们正常发育，健康的狗不用吃额外的营养品，除非专业宠物医生建议你的狗食用相应的营养品。零食也并非必需品，可有可无，如果你真的很想动手给它做点好吃的，水煮鸡胸肉是个不错的选择。

冲服益生菌　　　　　　　　　　　　　　　　　　　吃水煮鸡胸肉

◆ 狗的饮食禁忌——该狠心时不能宠

无论我说了多少遍，尽量别乱喂狗吃东西，但真没有多少人能完全管得住自己的手，不喂狗粮之外的任何食物。我见过太多例子，只要狗可怜巴巴地望过来，主人就会忍不住把手中的盐焗鸡腿扔过去。狗吃到某些人类食物的瞬间可能很开心，但是一旦喂狗吃了不合适的食物，狗就很有可能得病。所以，这里还是要啰嗦地再提一次狗的饮食禁忌——下面这些食物，是千万不能喂的。

人类的剩饭剩菜——大量油脂会堵住狗的血管，盐分容易对狗产生不利影响。

巧克力——巧克力含有的可可碱会造成狗中毒。

葱、洋葱、大蒜、韭菜——这些食物中含有正丙基二硫化物，它会让狗精神不振、贫血、呕吐、呼吸困难、尿血，严重时甚至会导致死亡。

果核——果核很坚硬不好消化，容易阻塞食道与肠胃，部分果核有毒。

生鸡蛋——生鸡蛋内的抗生物素酶和沙门菌会引起狗的皮肤和毛发的问题，狗感染沙门氏菌，还会呕吐、拉稀，出现肠炎。

葡萄、葡萄干——这两种食物皆含有容易导致狗的肾脏功能异常的物质，严重时还会导致肾衰竭等。

夏威夷豆——夏威夷豆会使狗虚弱、忧郁、呕吐，降低它们维持体温的能力，并可能会使它们发烧。

牛油果——牛油果含有甘油酸（persin，一种杀真菌的油溶性脂肪酸），可能会导致狗呕吐、腹泻以及精神不振。

如果你记不住为什么不能喂，这并不要紧，你只需要记住哪些是狗绝对不能吃的就可以了。也有一些主人不是自己主动给狗喂食了这些食物，而是没注意，让这些食物被狗翻出来吃了。如果狗吃了大量上述食物，需要立即就医，进行催吐处理。撇开剂量谈毒性是不负责任的，所以如果以上食物只是掉了一点到地上，来不及捡起来就被狗吞进去了，主人也不要过度惊慌，狗不会因为吃了两颗葱花就立即生病的，多让狗喝水、多观察，出现不适再去就医。

◆ 给狗营造舒适洁净的生活环境

照料狗的另一重要环节就是清理。对狗的清理照料，关注点不单在狗自身，更要在狗的生活环境上。

狗休息的窝或者笼子必须是干燥、清洁的。不要因为怕狗乱尿，就把狗放在潮湿的厕所中，这非常容易让狗生病。幼犬确实容易随时排泄，弄脏新买的狗窝确实让人觉得麻烦又心疼。所以刚把幼犬带回家时，我建议不要使用新买的狗窝，而是把你那些塞在衣柜角落不会再穿的衣服拿出来，给它做睡垫。破旧衣服弄脏了，丢掉即可，而且衣服上有你的气味，能让幼犬休息的时候更有安全感。就算幼犬没有在旧衣服上便溺，一周左右更换一次也是必需的，保持休息区的舒适和洁净，幼犬才能更好地在窝里休息。

饭盆、水盆其实是容易被主人忽视、藏污纳垢的地方。无论是因为潮湿，还是因为狗粮腐败或者狗的口水残留而产生细菌，都有可能会让狗和人类一起患上一些难缠的人畜共患病。所以无论是为了狗的健康，还是为了主人家庭成员的健康，我们都必须在每顿饭后清洗狗的饭盆，并每天清洗水盆、更换饮用水，保证狗的饮食卫生和家庭环境的卫生。

在我接触的幼犬家庭中，很多新手主人没能做好对狗厕所的清洗工作。倒不是因为这些主人太懒，而是他们有一个观点，认为"需要给狗在厕所里留下排泄物的气味"，所以厕所里的尿垫吸满了尿液，甚至厕所板上都是狗的便便了，他们也不更换。他们担心清洗了之后，狗就不知道要在上面排便了。

狗睡在旧衣服上

有食物残留的饭盆、水盆应该每天清洗

　　其实这是非常错误的想法。首先，狗的鼻子是极其灵敏的，能闻到极其微弱的气味，所以并不需要大量的便便留在厕所板上，厕所有一丁点的气味残留就足够它们嗅闻了。其次，狗是非常爱干净的动物，当一个地方布满了便便，它很可能就会另外找一个干净的地方排便。

　　所以，如果你的狗已经在尿垫、厕所上排便，你就应该及时对尿垫进行更换，对厕所进行清洗。至于你所担心的清洗后狗不在上面排便的问题，和你的勤快清洗并没有关系，而是其他引导的方法没有做对。在第四章关于定点大小便的部分，会有详细的方法帮你解决疑惑。

　　除了干净，保持狗活动范围内的环境整洁也非常重要。狗会用鼻子和嘴巴去探索世界，你把它放出来玩耍的时候，会发现它不停地到处嗅闻，碰到什么小东西都会用嘴巴咬一咬、叼一叼，甚至直接把东西吞到肚子里面去。因此在把狗放出围栏之前，对它的活动范围进行收纳整理是非常必要的。把一些细碎的东西收走，将一些不能给它碰的物品装好或者放高，把地面清扫干净，这样狗出来之后就不会随意捡食地面上的东西，既能保证狗的健康，也能让它养成不乱捡食的好习惯。

已经尿满了的尿垫

整洁的家居环境、带盖子的垃圾桶

◆ 为狗进行身体护理是一种亲密互动

你每天都会跟自己的狗互动，在这个过程中，有一个步骤必不可少，那就是每天对狗的身体进行检查。你在抚摸狗的时候，可以顺势检查它身体各处的健康状况：留意眼睛是否有眼屎或泪痕，眼睛里面是否有毛发；观察耳朵里面有没有脏污，是否有红肿发炎的迹象；鼻子是干燥、温润还是流鼻涕；检查肛门和排尿的位置是否有残留的便便，是否有红肿、不正常液体流出；检查全身是否掉毛、毛发是否打结、皮肤是否红肿或有寄生虫。通过这些日常的检查，狗能适应你对它身体各处的接触，这种信任是非常重要的，对日后相处、疾病治疗，以及突发情况的处理都有极大的铺垫作用。而且每天进行一次快速的检查，你能清楚了解狗的健康状况。

为狗进行身体检查

在给狗做这些检查的时候，身旁可以放一些狗专用的湿巾，以便给狗清理眼睛、肛门、小便处以及手脚。如果狗的耳朵里面比较脏，则需要每周用专用滴耳液进行一次滴耳清洁。你可以选择一个适合狗毛长度的梳子，每天给狗梳毛，梳走脱落松动的毛发，让狗的皮肤更好地保持健康状态，也避免毛发掉得到处都是。

梳毛和擦拭身体

你需要特别关注狗的牙齿健康，这也是我把牙齿的检查清理部分分开说明的原因。狗在6个月左右会换一次牙，此后一辈子就使用更换后的恒齿。你需要知道，给狗补牙、种牙的手术目前并不普及，高昂的费用也让其变得很不现实。如果你持续忽略狗的牙齿健康，很可能狗在3~5岁时就会有一口烂牙。当牙齿疾病严重的时候，把牙齿拔掉可能是唯一的选择。一只能陪伴你十几年的狗，如果在青壮年就没有了牙齿，它下半辈子吃什么都不舒服。

想让狗的牙齿持续保持健康，最简单有效的方法就是每天给狗刷牙。使用狗专用的牙刷和牙膏，在幼犬期就让狗适应被你清理牙齿，那么它往后的十几年，都能持续接受你对它牙齿的清理。如果你想着"等它换牙了再说，反正这口牙都要掉光的"，那么在它七八个月大时，甚至在发现它有了牙结石、牙周病时才开始刷牙，你的狗可能会非常抗拒，甚至会因为害怕而咬人，企图通过这种方式让你停止给它刷牙。

第一次给狗刷牙时千万不要着急，把狗放到高台上避免它到处躲避。首先把牙刷、牙膏放到狗旁边让它嗅闻适应。当狗适应之后，把牙刷贴到狗的嘴巴旁让它习惯牙刷的接触。当狗对牙刷的接触不抗拒之后，再将牙膏放到牙刷上开始刷牙。把这些步骤拆分开慢慢地做，让狗逐渐适应每一件事，狗就不会抗拒刷牙了。

一件小事就应该从小做起，从每一天做起。如果你能每天坚持给狗刷牙，你就能不用购买很多狗漱口水、洁齿凝露、随餐进食的洁牙粉等一大堆辅助洁齿用品，而且我向你保证，这些用品效果再好，都绝对比不上每天刷牙。

终于到了大家最关心的洗澡问题了。我特别能理解大家想给幼犬洗澡的心情，幼犬刚被带回家的时候看着、闻着都觉得脏脏的，因为它从出生后就没有真正用水清洗过，身上混合着各种味道，包括狗妈妈的、其他狗的、自己身上的、便便残留的、食物的等。但是这么可爱的一个小毛球，有哪一个主人不想把它抱起来往自己的脸上凑，感受一下那种柔软、温暖、香喷喷的体验呢？现在就差香喷喷还没有达成，洗一个澡就完美了！

给狗刷牙

和狗贴脸

但是请你忍一忍，幼犬真的不要随意洗澡。幼犬的抵抗力弱，一针疫苗都没有打，而且刚到家没住安稳，还在断奶的过程当中，这一切都可能因为你给它洗了个澡而雪上加霜，一不小心感冒生病，可能你就再也见不到它了。

幼犬在新家住下来，打完第一针疫苗的一周后，大概是出生后8~10周，才可以洗第一次澡。而在此之前，幼犬身上如果很脏、有异味，你可以用一些其他办法来解决，如使用热毛巾或者湿巾帮幼犬擦拭全身，擦完后用暖风吹干，或者使用狗专用的免洗沐浴露、干洗粉进行清洗。多帮幼犬梳毛，也能非常有效地清洗幼犬。

用干洗泡沫为狗清洗身体

幼犬所有的"第一次"，都会在它们心底留下深刻的印象，所以第一次给幼犬洗澡有非常多的细节需要注意。不少狗一听到主人说"洗澡"，就会立刻跑到桌子下躲着不出来，就是因为在它还是只幼犬时，主人给它洗澡的操作不当，让它对洗澡这件事有了非常糟糕的印象。所以主人一定要小心，第一次给幼犬洗澡时要给它留下好印象，它长大了才不会害怕和讨厌洗澡。

幼犬洗澡需要注意以下事项。

1. 提前让幼犬了解洗澡所需接触的物品，包括沐浴露、毛巾、梳子、洗澡盆等。在幼犬还不需要洗澡时，可以将这些物品放在它身旁让它嗅闻并接触，让它提前熟悉这些物品的气味。这样，幼犬在真正洗澡的时候，才不会因为突然之间接触到大量新奇的物品而害怕或者过分激动。

提前熟悉洗澡物品

2. 提前让幼犬熟悉吹风机。吹风机会发出很大的噪声，同时还能吹出热风，这在自然界是不存在的。很多幼犬第一次吹风会害怕逃跑。如果幼犬洗澡后是第一次吹风，你只能强行按住幼犬给它吹干全身，这会让它形成非常可怕的印象。我们应该提前让它嗅闻吹风机，打开吹风机后先向其他地方吹，让它聆听、接受吹风机发出的声音，最后才把吹风机对着它身上吹，让它逐渐接受。当幼犬接受了吹风机之后，洗澡后吹毛就是一件非常顺利的事了。

提前熟悉吹风机

3. 为避免幼犬着凉，最好选在下午2点左右，一天中最暖和的时间洗澡。先把幼犬洗澡的用品如梳子、沐浴露、毛巾、吹风机等准备好，以免中途开门出去拿东西时幼犬着凉或逃跑。

4. 一开始可以用水杯舀水，慢慢往幼犬身上浇，让它先适应；若使用花洒，则要把水流调到最小，并贴近幼犬的身体冲洗。这样，幼犬才不会因受到水流的冲击而害怕躲避。

5. 人的皮肤和幼犬的皮肤不一样，不要用人的沐浴露给幼犬洗澡。购买幼犬专用的沐浴露时，你会发现很多幼犬沐浴露比人用的贵很多，但细想一下你是天天洗澡，它一个月才洗一次，一瓶还是能用很久的。

6. 洗完后先用吸水的大毛巾包住幼犬，吸干它身上的水，减少吹毛的时间。

7. 吹毛时，先将吹风机调到最低档，慢慢接近幼犬，以免幼犬因为吹风机的巨响而感到害怕。把幼犬放在高台上进行操作，注意不要让幼犬因为害怕而直接从高处跳落。吹毛时需要用梳子梳理毛发。

8. 不要过分频繁地给幼犬洗澡，一些有洁癖的主人会每天给幼犬洗澡，这对幼犬的皮肤和毛发而言，会造成严重的伤害，会引发皮肤疾病。每3~4周洗一次澡是比较合适的频率。

慢慢往幼犬身上浇水

把水流调到最小

用大毛巾包住幼犬

将吹风机调到最低档，慢慢接近幼犬

循序渐进，让狗适应洗澡和吹毛

　　对狗的照料看似细节诸多、非常繁琐，但你熟练了之后，会发现就是那么几件事而已，而且你会对狗的整体状况了然于胸，并且感受到把狗养好带来的巨大成就感。拥有一只健康可爱的狗，这不就是我们想要的一种满足吗？

本节小书签

1. 为幼犬制作断奶狗粮，严格定时定量喂食。

2. 忍住手，别犯错、别乱喂食。

3. 从狗的便便了解狗的健康状况，调整喂食细节。

4. 狗的生活用品和生活环境的整洁对狗的健康很重要。

5. 狗的身体护理应从小做起，操作切勿急躁。

第三章

◆ ◆ ◆ ◆ ◆
CHAPTER THREE

读懂狗的表达

第一节
用狗的思维去了解你的爱犬

非常多的狗主人都想把自己的狗当成孩子疼爱，但请永远记住，它本质是一只狗，千万不要把它当成人去看待和相处。

在这里我们不妨先切换一下视角，把自己当作是狗中普通的一员，看看一只普通的狗在一个正常的群体当中，是怎样生存和思考的。

◆ 《一只狗的自述》——旺财

大家好，我是个"怂货"。

我不知道你们笑什么，作为一只狗，我不认为给自己贴这样的标签有什么问题。

认怂

我们狗天生就分阶级，而我就是这个阶级世界里面的底层，我甘愿当各位"老大"的"小弟"，我是绝对不会"起义"的。

我的天性就是喜欢顺从别人，这和我对现实的逻辑判断有很大关系。我一直认为，如果看到对方比自己壮、比自己大、比自己高、比自己强，那我没必要去挑衅对方。如果看到对方比自己弱小，但是表现出一副能干掉一群狼的架势，那它肯定有秘密武器，我也没必要去挑衅它。所以无论对方体形、长相如何，我都心甘情愿当"小弟"，请不要阻止我。

但是两只狗在街头相遇时，我们又不喜欢用人类对话的方式沟通，怎么向对方认怂，这是一门学问。

我最常用的一招就是装嫩！

在人类的争斗中，如果波及孩童，这是让人无法容忍的。狗的世界也一样，攻击同物种的幼犬也是成犬的一大禁忌。所以，虽然我已经一把年纪了，但只要我装成一只幼犬，就能唤起对方心中与攻击欲相冲突的情绪，让对方瞬间软下来。

当我看到一只来势汹汹的狗向我走过来，我要怎么装嫩呢？

趴下示弱

首先我要示弱，趴下来尽可能让自己显得很小，幼犬嘛，当然是小的。

但我五大三粗的，有时候这招并不奏效，那么接着我就会翻过身，露出肚皮，脚爪软趴趴地停留在空中，甚至顺便喷出一点点尿来。

这个动作其实我们小时候都做过，当我们还是幼犬的时候，妈妈会过来舔我们的肚皮，刺激我们排尿。

所以，经过幼犬期的狗（谁还不曾是个孩子啊），都能瞬间了解这个行为的意思。

躺下露出肚皮

基本上，我这就能成功装嫩，如愿以偿地成为对方的"小弟"。

而我常用的第三招就是"舔脸"。

当我看到一只气势不凡的狗时，我如果想告诉它我是个"怂货"，我可不能远远地露出肚皮。

我要主动告诉它我对它毫无敌意，除了袒露我最脆弱的肚皮之外，还要主动喷射点关键气息给它嗅闻，让它了解我的情况。我会用尽一切办法靠近它并主动"舔脸"。

其实这也是我们在幼犬期就会的行为。我们小时候向大狗讨吃的，会尽力抬高我们的口鼻，用鼻子摩擦大狗的嘴巴，有时候也会舔它们的脸，轻轻推它们的头，直到它们肯把食物吐出来给我们。

但是我现在五大三粗的，和对方体形相当，如果贸然去舔对方的脸，不被打才怪！

所以我会蹲低身体，让自己成为适当等级的"幼犬"，这时候再抬起头，用力地压下我的耳朵表示顺从，并小心翼翼地移向我的目标——对方的嘴巴。

俯下身子

只要我向对方展示了这样的姿势，它们就都知道我是个"怂货"，我就不怕在狗群里被揍了！

舔脸

正所谓大丈夫能屈能伸，我就一辈子都屈着，反正也能活得悠然自得。

处世之道，认怂最高，你要不也学学看？

◆ 大部分人不明白，狗天生分阶级

是不是觉得有点太搞笑了？这狗也太"狗"了吧！对，狗就是狗，请永远记住这一点。我遇到的绝大部分宠物狗的不良行为，归根究底都是因为家中成员和狗的阶级地位出了问题。

在狗的眼中，只要是生活在一起的"活物"，不管是狗、是人、是马，还是猫，只要生活在一起，那就是一个群体。这个群体当中的所有角色都应该有自己的阶级地位，但绝对不是谁体形大谁就是老大。人与狗之间的阶级地位出了问题，狗的行为就会因天性而产生偏差，最终表现出来的坏行为其实只是一种表象，不把阶级地位纠正过来，很多问题就无法从根本得以解决。

野外的狗群中总共会有3种地位：前面、中间、后面。每一只狗都会谨守自己天生的地位，较弱的狗跟在狗群最后面，强一点的在中间，处于领袖地位的狗永远在最前面。

三种地位的狗各自承担责任，狗群中的狗根据自己的地位分工合作，寻找食物和水，遇到危险的时候一起防御，让狗群能够生存下去。守在前面的狗负责提供方向和保护，决定整个狗群往哪走，并负责排除前方的危险。后面的狗负责注意来自后方的危险，并向狗群中的其他成员发出警告。中间的狗是信息传递者，帮助前面和后面进行沟通。

当前面的狗发现黑暗的森林里有猎物和水的气息，带领狗群进入的时候，后面的狗的自然反应是觉得森林里有危险，向前方发出吠叫警告，中间的狗感受到前面的狗平静果断的能量，知道目前领袖在掌控大局，也会用平静的能量告知后面受惊的狗镇定下来。而当后面的狗真的发现了危险并不断躁动吠叫的时候，中间的狗把这种躁动的行为也传递给前面的狗，前面的狗就会立即掉过头来，站到最前面去面对危险、保护狗群。

因此，当我们在户外带着自己的狗时，我们就和它组成了一个小群体，这时必须有领导者和追随者的角色，这是狗的基因里固定的，不可更改。大部分在家中出现了行为问题的狗，都是因为主人把它放在了领导者的位置，狗在前人在后。当遇到危险（前面有行为奇怪的人或动物）时，主人没有阻挡危险（因为人类并不认为那是危险），那么狗就被迫面对危险、保护群体（主人），冲动、吠叫、扑咬就是其最自然的反应了。我们必须理解，不是狗不乖，而是我们与它的地位反了，它做出了求生行为而已。

在自然界中，每一只狗都知道自己在群体中的地位，不会有地位换来换去的事情发生。一只天生处在最后面的狗，不会想移动到中间或者前面去，前面的狗也不会轻易放弃领导地位。当我们饲养一只宠物狗的时候，很多与狗之间的互动会让它对自己的地位感觉混乱、无所适从。

喂食的时候，能不能吃你说了算，这时候你是老大。

睡觉的时候，它能压在你的身上、睡在你的枕头上（侵占比自己地位低的狗的地盘），它成了老大。

给指令的时候，你叫坐就坐、你叫走就走，它接受你的要求和管理，你是老大。

它想玩耍的时候，只要叼着玩具到你面前你就立即放下所有事情陪它玩，这时候它又成了老大，在管理你的行为。

有人敲门（领地受到入侵）时，它看你没有任何表示，就担起老大的责任，冲在门前守护地盘、警告入侵者，而你在后方向这位老大发出警告——大声叫它不要吵（在它眼中就是跟它一起吠叫驱逐）。

狗带着人走是错误的

画面很温馨，实际地位错误

大多数的狗天生都不是做狗群领袖的料儿，如果它们从小在饲养过程中一直能处于正确的地位，它就会表现出一只"跟尾狗"应有的行为。而我们的错误行为让它经常处于领导者缺失的境地，迫使它做出改变，去当一个不称职的领导者，这是违反狗的自然生存法则的，它的身心会变得不平衡，进而使行为变得不正常。正是主人自己，导致自己非常烦恼地说出"它有时很乖，有时就像变了条狗"这句话。

人带着狗走才是正确的

　　身为负责任的狗主人，我们有义务了解狗在正常情况下应该处于什么地位，并用正确的方式去强化这种地位关系。

◆ 狗做错事会自责，它应该能反省自己吧？

　　许多狗主人会绘声绘色地跟别人说，自己家的狗做错事时，它们表现出很内疚的样子，仿佛在为自己做的错事道歉。这究竟是人类臆想出来的，还是狗真的会自责呢？

　　狗的一些即时反应并非因为自责。违反规矩的狗会异常地温顺服从，其实是狗对人类怒火的自然反应。狗非常擅长侦测"动作意图"（intention movement），也就是对方通过行动状态所透露出的紧张的迹象。这种能力与狗的日常行为习惯密切相关。一只狗如果想追击猎物，首先会全身静止站立，然后注视猎物、耳朵竖起向前、头部逐步向前伸，然后突然四肢发力奔向猎物。狗非常擅长观察同类的动作意图，与人类长期相处之后，也会熟知人类的动作意图。

　　即将发怒的狗主人在对狗怒吼之前，可能会身体紧绷、向狗前倾并加快步伐走向它。而狗有能力看出这样的紧张状态，感受主人瞬间变化的能量，并据以做出相应的行为。因此，如果在被斥责之前就开始俯首帖耳地靠近，那可能只是它准确预测到即将发生什么事而已。这种直接反应不能称为自责，或许可以称为恐惧。

不过，狗真的会知道自己做了不该做的事。有些狗主人坚称，他们在狗的"罪行"曝光之前就已经看到自己的狗表现出恭顺服从的样子。譬如狗被单独关在房间里太久，最后把房间搞得乱七八糟，或是出于无聊而咬烂了拖鞋或手套，或是在不应该大小便的地方乱拉一通，如果这只狗从过去经验中学到这样的行为会导致被责备甚至打骂的结果，那么当主人回家时，它可能会直接躲藏起来。

狗被责骂会露出"自责"的样子

狗感到气氛不对就会躲藏起来

如果主人还没机会看到狗做的错事，它就不可能从主人的行为中读出"即将发作"的任何线索。由此可见，狗的行为是基于了解自己做了"错事"，害怕被惩罚而产生的自我保护或者逃避惩罚的行为。这表示，狗能够表现出自责。

其实，类似行为也曾在狼身上表现出来。有人曾在一群被关起来的饥饿狼群中丢进一大块肉，而肉掉落的位置刚好能让一头较柔弱的狼抓到。这头地位较低的弱狼咬起肉块，急忙窜到角落。地位较高的狼靠近时，弱狼会对它们又吼又咬，以保卫自己的战利品。

犬类群体中有一条行为法则：食物的所有权高于统治关系。换言之，不论地位高低，如果食物已经到你嘴里，那就是你的，即使是群体中权力最大的成员也不能从你手中夺走食物。（所有权范围，指的是从正在进食的狼的嘴巴向外延伸约30厘米的范围，在这个范围内严禁侵犯）。

我们继续说回这个例子，地位较高的狼想从弱狼手中抢走肉块，但又努力克制着不动手。地位较低的弱狼吃了大半肉块时一不留神，让剩下的肉块被偷走了，地位较高的狼因此吃了一顿肉。

整个过程结束后，那只弱狼会主动靠近地位较高的狼，并向它们做出卑躬屈膝的顺从行为。虽然那些地位较高的狼都没有对弱狼表现出威胁或明显敌意，但全都接受了它的顺从表现。这看起来仿佛是抓到肉块的弱狼被迫为自己早先的行为道歉，而且清楚表示自己绝对不想争取较高地位。

因此，以后在狗吃饭的时候，就不要随意去逗弄它了。被自己的狗护食咬伤的主人，大部分都是在它吃饭的时候忍不住使劲地摸了狗，以为它在吃东西，应该很开心，我爱抚它，它应该更开心，我自己也很愉悦。其实说到底只是自己想体验摸一把的愉悦感，完全没有从狗的世界去了解它们进食的时候根本不想被骚扰。而如果这只狗有较强的护食欲望，就会直接对自己亲近的主人发出警告甚至攻击。

护食的姿态

狗咬完主人并且离开食物之后，很多时候就会直接表现出害怕顺从的低姿态，直接贴在主人的身边。这种忽冷忽热的表现让很多狗主人摸不着头脑，但如果你能先了解狗的思维方式，就完全可以理解这些行为。在许多其他物种中，这样的行为模式并不存在，相信这也是狗能成为人类最好的朋友、最宠爱的伙伴的重要原因之一。

既然狗知道自己做错了事，那么它为什么下一次还是会继续做这样的事呢？其实这个问题，我们反过来问问自己就明白了："为什么你知道熬夜不好，每晚还是会抱着手机玩到一两点才睡？"知道错误和改正错误不是同一件事，犯错可能单纯就是因为欲望太强烈，以及自控力薄弱，而狗是由本能驱使的动物，看到垃圾桶有食物残渣，不翻出来吃掉就不是狗了。

◆ 既然它知道错了，为什么我跟它说"NO"它偏不听？

养狗之后，主人们或多或少都看过一些驯犬的视频，驯犬师对狗说"不可以""NO"时，它们都会乖乖听话。这也让一些主人先入为主，觉得狗就应该听得懂这些。我再说一遍，你养的是狗，不是人，狗和人用的从来都不是同一套语言体系，人们会通过说话来交流，但你很少听到狗整天"汪汪汪"地不停聊天，因为它们更多通过身体语言告知对方自己的想法。

除非狗接受过引导或训练，知道指令"不可以""NO"所代表的行为是什么，否则主人发出的这些声音对它来说没有意义。就算狗知道了"NO"的含义，也不建议主人把"NO"整天挂在嘴边，这样只会让"NO"失去它本身的效力。所以我们究竟该怎么告诉狗"不可以"呢？

让狗停止错误行为的前提，是我们先冷静下来。狗听到外面有声音，就开始叫个不停。主人听了觉得心烦，也开始大吼大叫制止它——"别吵了！""回来！""不准叫！"结果呢？狗叫得更猛烈了。它们听不懂人的大部分语言，却能感受出人的情绪，如悲伤、快乐、紧张、愤怒等。狗在主人很开心时，也会开心得跑前跑后，替主人开心；在主人不开心的时候，原本活泼的它也不敢放肆，而是会静静陪在主人身边。所以当它紧张地驱赶来客时，同样感到你的紧张烦躁，会觉得你是"友军"。所以当你想要干什么时，先冷静下来，让它感受到你的"气场"，知道你对门外的"敌军"并不在意，它就能跟着你平静下来了。

另一个正确和狗交流的方式，是用自己的身体阻止它们的行动。每次看到主人和狗争抢拖鞋，主人紧紧拽住拖鞋，狗也奋力地咬住拉扯，总让我想起小孩子争夺玩具的场景。"抢走"这种行为，很容易让狗觉得你在跟它玩儿。不信你看一些咬绳玩具的设计，目的就是让主人跟狗争抢。停止用这种方法，而是用身体占据的方式宣示物品的主权，从而阻止狗的错误行为。当你想拿走不能让狗啃咬的东西时，不是进行争夺，而是紧紧拿住这个东西不动，让它知道这是主人的东西后它就会自行松口。正如前面提到的，狗不会随意去挑衅权威，当你坚定地占有一个物品时，它会主动地放弃争夺。同样，在狗朝着门外的人不停吠叫时，你要做的不是对着它大吼大叫，而是直接走到它前面，面对狗的方向前进，告诉它这个地方被我掌管，你后退，不用管了。

当然，我们还可以用手或绳子赶开它，制止它的不当行为。赶开这个动作十分明确，一般做几次狗就会懂得"主人正在驱赶我，刚刚我在做的这件事不能做了"。但看了很多主人的操作后，我发现"用手推

主人在后面大声责骂狗乱咬树叶

主人用身体占据拖鞋让狗离开

开"这个简单的驱赶动作，也有主人做成错误的"奖励动作"。我知道大部分主人都爱自家的狗，也害怕伤害它，但那种暧昧的温柔推搡，一点儿都不坚决，体形大的狗可能还会觉得你在抚摸它。如果一只狗被另一只狗弄得很不耐烦，它会扭头一口用力咬到对方身上，不会让对方有任何损伤，但对方绝对会感觉到是用力的一击，然后立即退开化解冲突。因此我们要推开狗的时候，把手指摆成狗嘴巴的形态，快速推一下它脖子的一侧，力量大一点、坚决一点，即可有效制止它的不当行为。

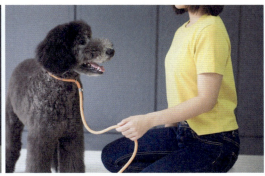

用绳子拉开狗，拉开后要放松绳子

有的女生觉得自己下不了重手，或者指甲比较长害怕自己做不好，那我建议你在家给狗戴上牵引绳，果断侧拉一下牵引绳能达到同样的效果，而且比用手推开更安全有效。

只用嘴巴说"NO"是无意义的，有行动，才能让狗关联声音指令

当你懂得用以上行动去制止狗的行为时，在操作的时候同时增加声音指令，例如"NO"，那么这个"NO"就能真正和对应的行动关联起来了。如果把"NO"整天挂在嘴边，狗可能会混淆这个口令的意思。一般一个口令对应一种情况，如果你在狗大吼大叫时说"NO"，在它乱咬东西说"NO"，在它乱拉的时候说"NO"，只会让它疑惑。一般"NO"用于让狗走开或离开，主人用平静的声音说出来制止狗的行为。一些驯犬师会用"呲"之类的气音，或者打响指，尽量避免自己的声音带有太多情绪。请记住，"NO"只是为了让狗停下来，引导狗用一个正确的行为来代替那个错误的行为，才是最终需要做的事情。例如狗乱翻垃圾桶，主人制止它的行为后，可以让它回到自己的窝里休息，在它平静后给它一个啃咬玩具。一味压制狗的本能欲望，只会让情况越来越糟。面对狗的错误行为，主人自己应该先冷静下来，少跟狗说大堆的道理，用自信的语气或者坚定的行动，让狗知道不能这样做，才能真正让狗明白"NO"的含义。

通过本节内容，我们应该明白一个本该明白的事实：狗就是狗，是和我们人类不一样的另一个物种。它们有它们的社交法则，有它们的交流方式和"语言体系"，这些都和同样是群居动物的人类完全不同。而当狗融入我们的家庭，和我们共同组成一个群体的时候，我们需要理解狗，知道它并不能完全理解和适应我们人类的社交法则和语言交流方式。反过来，我们需要主动学习理解狗的想法，用正确的方式和它们交流，引导它做出正确的行为，这样人狗相伴的生活才会更美好。

本节小书签

1. 一只普通的狗，并不想成为狗群领袖。

2. 狗天生分阶级，不要把它硬推到老大的位置上。

3. 狗知道自己做错了，但不代表会自行改正。

4. 单纯对狗喊"NO"是无意义的，要用行动让它明白你正在制止它的不当行为。

5. 当你觉得和它沟通有障碍的时候，提醒自己——它是一条狗。

第二节
读懂你家爱犬的几个关键表达

> 狗身上同一部位不同细节会表达截然不同的信息，而了解了狗的真实表达，看懂了狗全身各处的细节表达后，你就能读懂"狗语"。

生为人类是幸运的，因为我们拥有极高的智慧，同时拥有狗这种忠诚又暖心、顽皮又可爱的动物的陪伴。人类与狗之间，即使不说话，也能感受到彼此的关怀与宠爱。

但是毕竟人狗有别，因为语言不通，很多时候彼此还是会因为无法明白对方心中所想而苦恼，仅仅知道对方爱自己始终是不够的。

- "狗盯着我看，是不是因为我长得像根骨头？"

- "狗不停地叫，是饿了吗？"

- "狗大力竖起尾巴摇摆，是很高兴，想让我摸它吗？"

- "狗舔我，莫非是我吃完早餐没刷牙被发现了？"

......

遇到这些问题时，狗主人是多么希望自己和狗能语言相通。也许有些朋友会想，能不能让狗听懂人类的语言，这样我们就省事多了。

狗虽然不会说话，但是除了吠叫之外，它的眼睛、鼻子、耳朵、嘴巴、尾巴，以及躯干和四肢的动态，都能传达它心中所想。为了让各位新手主人能通过观察狗的这些动态细节，洞悉狗所想要传达的信息，我们先"解剖"一下狗的各个部位都能表达什么信息。

◆ 看鼻子读懂狗的表达

鼻子是狗身上最灵敏的器官，人类会先通过眼睛去认识了解世界，而狗则是先通过鼻子嗅闻去了解世界的。所以，无论是对建筑物、物品、同类还是其他动物（包括人类），狗都会靠近后好奇地嗅闻，以获取信息。

即使是使用鼻子进行嗅闻，狗表现出来的嗅闻姿态也是不同的。如果它很明确地想嗅闻一个自己感兴趣的东西（包括狗、人、物品、其他动物），它会大大方方地靠近，用力快速地闻这个东西，嗅闻结束之后就会离开或者玩耍互动。而当它对某个东西存有疑虑的时候，它会小心翼翼地靠近，鼻子靠近这个东西但是又稍微保持距离地轻轻吸气，以确定这个东西对自己是否有威胁，或者确定这个东西会不会突然乱动。

狗嗅闻其他狗

当然，这种行为从人类视角来看，一般都是不礼貌的。你可以想象一个陌生人突然冲到你面前，毫无征兆地贴近你的脸颊或者屁股闻，估计你都想要给他一巴掌。但我们需要知道，狗嗅闻你其实并没有恶意，只是想了解你，相反如果你不允许它嗅闻，它可能会对你一直保持警惕。

狗的鼻子除了用来嗅闻，还会用来直接接触东西。如果狗发现地上有个东西，它又不能单纯通过嗅闻得出结论，它就会用鼻子去翻动它，希望通过翻动这个东西获取更多的信息。你在它面前放一只不动的小乌龟，或者放一个刚关闭的扫地机器人，很容易就能看到狗的这种行为，这是因为狗保留了狼搜查物品的习性，只要是安全的物品，你就让它自己调查吧。

狗通过嗅闻垫子寻找食物，是很好的游戏方式

狗用鼻子顶手机，是在求关注、求互动

狗还会用鼻子去顶自己的主人。当它很开心地想和你互动，想跟你提要求或者想引起你对它的注意的时候，它会用鼻子去顶你的脚。当然更激动的表现是吠叫和用牙齿去拉扯你的裤子，相较于后面这两种行为，我更喜欢它们斯文一点儿地用鼻子和我们沟通。

◆ 看眼睛读懂狗的表达

虽然眼睛不是狗身上最灵敏的器官，但是眼睛毕竟是心灵的窗户，它是狗直接了解外界事物的工具，狗也会通过它表达自己的情感。

狗的眼睛有点像青蛙的眼睛，静止不动的物体一般较难得到它的注意，相反，一些移动的物体反而会引起它的兴趣。当狗前面有一个活动的物体让它感兴趣的时候，它会睁大眼睛，专注地盯着这个物体，头部随着这个物体的移动而转动，直到它做出下一步的行动——可能是放弃关注，也可能是靠近接触，甚至攻击捕猎。因此，当你看到狗很专注地盯着一个东西，不妨跟着它的视线看看它正在关注什么，以确定你接下来要不要干预它的行动。

而当狗的眼睛睁得又圆又大地抬头看着你的时候，就代表它现在特别兴奋，想与你进行互动，如果此刻你也这么想，那就和它玩起来吧！

有一些狗在排便之前，除了身体会转圈之外，还会在身体停下来之后，缓慢地转动头部和眼睛，观察周遭的状况。这时候狗的眼睛并不会定住不动，而是缓慢地向四周扫视。因为排便的时候，是它们觉得自己最危险的时候，如果一不留神被其他猛兽从身后袭击，小命就不保了，眼睛在这个时候就发挥了巨大的作用。

专注地盯着一个东西

到处张望

狗的眼睛还能表达出不同程度的回避、害怕、恐惧。如果狗知道主人举起手来自己可能会挨揍，只要看到主人举起手，它就会下意识地闭上眼睛，头往旁边躲开一下。这种回避状态还会发生在它感觉到其他压力的时候，不管是其他更强势的狗靠近，还是主人发出愤怒的责备声，这是狗在向对方表达"我没有恶意，我回避你，请你不要给我压力了。"如果狗被逼到角落，已经到了无处可躲的时候，它的害怕恐惧就会让它持续地快速眨眼，而当它的恐惧到了一个极端程度时，它的眼睛可能会彻底睁开，瞳孔放大，这时候的狗可能会失禁，也可能因惊吓过度而僵直不动，甚至发起为了自保的攻击。

因此，当你责备狗，它呈现出回避状态的时候，其实已经可以停止给它压力了。否则狗可能会进入难以控制的状态。这并不是你责备它的初衷，不要为了出气而不断给它压力，它的眼睛能告诉你它可能已经在崩溃的边缘了。

狗因害怕而眯眼

◆ 看耳朵读懂狗的表达

狗的听觉比人类灵敏很多，我家蛋挞的耳朵就有超高的灵敏度和辨识力。我家住7楼，每次我走楼梯到5楼时，它就能听到我的脚步声，然后在门后激动地吠叫。很多狗的耳朵都可以做出一些相对人类而言的高难度动作，比如旋转、下垂、直立、帖服等，而这些动作都能反映狗的心理变化。

读懂狗的耳朵比读懂狗的眼睛容易一些，因为耳朵的变化程度会大一些，也更直观。通常，大家遇到"向后帖服"（飞机耳）和"突然竖起"这两种情况会比较多。

耳朵向后帖服是一种摆低姿态的表达。如果双方正发生冲突，狗耳朵突然往后帖服，那就代表它认输、求饶。而如果狗并没有感受到太大的压力，纯粹是在主人身边跟随走或者听到主人的一些指令，那么它的耳朵会轻轻地往后压，以表达在这个过程中它对主人的顺从。因此你会发现，狗做了错事，而且比较严重的时候，一些主人会忍不住责备狗，或者说是做出准备要责备的样子，狗会因为担心被教训而呈现出顺从的姿态——耳朵向后帖服，把脑袋压低。

耳朵向后帖服是摆低姿态的表达

耳朵突然竖起表明呈警惕和关注状态

而耳朵旋转和突然竖起都是因为狗听到一些异响，在定位声音或者打探消息时，突然竖起略带有"准备出击"的意味。你也会发现一些狗会呈现"侧耳倾听"的状态，即把脑袋侧到一边，竖起这一侧的耳朵定着不动，直到确认它疑惑的事情之后，才会恢复正常的姿态。

狗的耳朵正常竖立的时候，通常代表它是自信的，而当它的耳朵直立对着前方的狗或者人，甚至耳朵周围的毛发竖起的时候，就代表它已经进入了非常紧张的戒备状态，随时准备发起攻击了。

◆ 看嘴巴读懂狗的表达

狗的嘴巴除了用于吃喝、吠叫、咬东西之外，还承担了玩耍、狩猎等功能，嘴巴加上里面的舌头，是狗呈现表情细节的重点部位，很多狗的表情能轻易从它们嘴巴的状态上看出来。

狗嘴巴紧闭，至少代表它现在是不够放松的，因为紧闭嘴巴需要嘴巴用力，一直在用力怎么可能很放松呢？而它非常紧张、害怕、警惕时，都会持续地紧闭嘴巴，至于是哪一种情况，需要结合当时的状况和其他部位来解读。

嘴巴紧闭多表示不够放松

相对的，当狗的嘴巴轻轻打开的时候，它是放松的，很多时候还会伸出舌头轻轻哈气。很多人都知道狗靠嘴巴散热，确实，当狗很热的时候会打开嘴巴吐出舌头大口呼吸，但当狗放松甚至欢快、兴奋的时候，就算天气不热，它的嘴巴也会做出这样的表达。否则你如何解释大冬天里狗找你玩耍的时候，它也会做出这个表达呢？

嘴巴张开甚至伸出舌头，就是狗放松的表达。

舔鼻子和打哈欠是看起来互不相关的嘴巴表达，这并不表示"我想吃东西"和"我好困想睡觉"，而是一种安定信号。当狗感受到压力的时候，它就会快速地舔鼻子，这是在对向它施加压力的一方表达"我现在有点紧张了"。而当狗的压力缓解时，它会大大地打一个哈欠，希望通过这个明显的动作，让对方知道"我现在放松了，你也放松点吧"。当两只狗相遇，其中一只表达强势之后，另一只多数会做出这样的表达回应对方，这样它们之间当下的地位关系就确立了。而狗被你责骂的时候，也经常会做出这样的表达。建议在狗舔鼻子和打哈欠的时候，就不要再继续给它压力了。

嘴巴张开甚至伸出舌头，就是放松的表达

舔鼻子代表现在狗感受到压力了

打哈欠是放松的表达

有的狗还喜欢靠近主人并用舌头舔主人，这其实是舔鼻子的延伸。当狗紧张有压力的时候，会通过靠近舔舐的方式来表达，也可以将这种表达理解为示好或者求饶。当然，舔舐有时也有"喜欢"的意味，但如果你被舔舐的地方有伤口，那还是拒绝狗的这种表达为好。

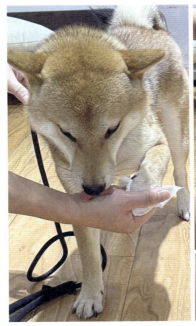
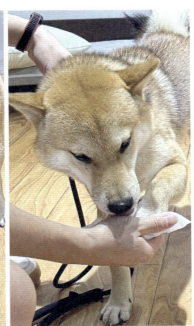

狗对擦脚感到紧张，频繁舔主人的手

狗龇牙警告是最容易让人看懂的表达之一。当狗嘴巴紧闭并且明显地露出牙齿时，是在向对方示意"我已经很生气了，你可别再冒犯我了，否则下一秒我就要咬你了！"这些时候通常狗还会发出低沉的叫声作为警告。而有的狗龇牙警告的状态不算特别明显，可能只是轻轻地掀动一侧嘴唇，但低鸣会持续。有一些不喜欢擦脚的狗在主人帮自己擦脚的时候会持续发出这种警告，但很多主人并不会理会，继续自顾自地操作。这其实非常危险，因为压力的任何的进一步增加，都会使狗从警告切换到攻击状态。因此看到狗嘴巴明显的警告表达，请停下你让它压力增加的操作，否则受伤的多半是你。

狗龇牙是明确的警告，必须小心

◆ 看尾巴读懂狗的表达

如果说眼睛是心灵的窗口，那么狗的尾巴就可以称为"心灵透视镜"。尾巴除了可以帮助狗保持平衡，还能很直接并且淋漓尽致地反映狗的情绪的变化。

"狗摇尾巴就代表开心"这个说法其实并不严谨。当狗的尾巴大幅度摇摆的时候，这个理解通常不会错。但如果狗在警惕对方并准备打斗时，尾巴会高高举起，小幅度地竖立摆动，这代表一触即发的准备开战状态。而一只非常胆小的狗，可能会将尾巴收到肚皮底下然后仍然急速地摆动，这代表它又害怕又紧张。当狗对一件事情犹豫不定时，可能会平放尾巴并小幅度快速摆动，这是犹豫和焦虑的表达。因此同样是尾巴，同样是摆动，不同的位置、幅度，都在表达着狗不同的情绪。

狗在轻松状态下，尾巴自然下垂，即平放状态

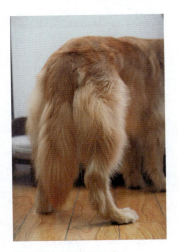

尾巴下垂是顺从的姿态

尾巴高举或者轻微摆动代表准备出击了

尾巴收到肚皮底下多数是表示害怕恐惧

◆ 看躯干及四肢行动读懂狗的表达

最容易看到的狗语言，就是它的躯干姿态了。有一些比较特别的行为，不一定每个主人都会遇到，当你遇到后，知道它为什么会做出这些行为，就不用害怕和慌张了。

狗最常见的一个行为是突然在家中狂奔，从一头疯狂跑到另一头，在这个过程中，狗可能还会突然跳到沙发上，然后又马上窜回地面继续狂奔。我被多个主人问过："我家狗是不是得了狂犬病？"当然不是，狗只是精力太过旺盛，然后通过这种方式发泄精力，并且希望你跟它进行追逐游戏而已。

在这个过程当中狗经常还会出现一种行为——趴下来，撅起尾巴并不停地大幅度摇摆，眼睛从低向高盯着你。这是它的一种邀请玩耍的姿态，狗之间就是这样引诱对方追逐打闹的。

狗邀请玩耍的姿态

当狗站立的时候身体非常紧绷，感觉它全身肌肉都在用力而且静止不动的时候，需要关注一下它当前正在盯着什么，有可能是关注某个小动物，也可能是警惕经过的快递小哥。这是一种紧张和警惕的姿态，主人需要及时关注以防意外发生。

有的狗在路上看到前方有狗会突然趴下来，姿态和邀请玩耍时接近，但是尾巴不会大幅度摆动，甚至会慢慢地小步前进，这是狗的捕猎准备姿态。当前方的狗足够靠近，它就会突然蹦起来向前冲，这对对方而言是极其不礼貌的行为，很容易引发打架。

相对地，如果一只胆小警惕的狗，被另一只狗突然冲过来吓怕了，你很可能会看到它把背部弓起来，那部分的毛发会竖起，并且侧身绕圈，时刻防备着对方。这时候最好把那只引发紧张状态的狗先拉开，当双方的冲突情绪消失，狗弓背炸毛的姿态也就消失了。

狗感到害怕时，背部的毛发会明显竖起来

一只躺下的狗，不一样的姿态也能表现出它不同的情绪状态。有的狗睡得大大咧咧、四仰八叉的，这是非常有安全感的表现。而有的狗躺下来就会蜷缩成一团，排除寒冷或者生病的原因，则意味着狗的安全感比较不足。

狗的肚皮是比较脆弱的部位，当它敢于向你露出肚皮时，大多数情况是信任的表达；但另一个极端情绪会出现在胆小敏感的狗身上，当它感觉来者不善时，会迅速地躺下露出肚皮，目的是告诉对方"我对你毫无威胁，请放过我吧"。

狗露出肚皮可能有两种极端的表达

有时你会发现狗的前脚直直地撑在地上，后脚前伸让屁股直接贴在地面，然后挪动前脚摩擦屁股，这时候就需要观察一下狗的肛门是否粘住了便便或者毛发打结，以及肛门腺是否因太久没有处理而发炎了。

狗准备排便会转圈，头会到处张望以确认安全

在户外散步的时候，很多人都知道狗一直原地转圈是准备排便。这个行为有两个目的，其一是踏平要排便的"厕所区域"，其二是观察周边的情况，确认自己所处的地方足够安全或者隐蔽。这时候记得放松绳子让它轻松排便。有的狗睡觉前也会转圈，而且会用脚去扒睡垫。这是狗基因中记录的行为，即通过转圈踩踏和扒泥土，迅速弄走睡处的异物，让自己睡得更加舒坦。而

有的狗睡觉前会转圈和扒睡垫

还有一些狗会因为焦虑而转圈，并在转圈时被自己的尾巴吓到，以为是敌人而狂咬自己的尾巴，遇到这种情况就要找专业人士处理了。

◆ 总结

把狗的各个部位分开解读，就像是学英语只背单词，单词你可能背得滚瓜烂熟了，但对于如何将单词应用在句子当中一筹莫展。分开解读的目的只是让你知道狗一个部位的表达可以有多种不同的变化。狗的同一种心情会通过身体的多个部位、多种肢体语言同时表现，当你真正需要解读一只狗的情绪和语言时，不应该靠单一部位表达的信息做出片面的判断。

很多品种的狗并不喜欢用声音进行表达，因此学会观察它的各种行为和细微的身体表达，对了解狗当下的情绪非常有必要。这和我们人类的交流习惯是非常不一样的，我们喜欢通过说话进行交流，但在观察其他人这件事情上也有一句名言——不要听一个人说什么，要看一个人做什么。

其实只要你平时多留意，细心、耐心观察，读懂狗并不难。而读懂狗只是第一步，后续怎么反馈和处理才更重要。

本节小书签

1. 狗的鼻子、眼睛、耳朵、嘴巴都有非常多细微的表达。

2. 单个部位的细节就能呈现信息，但多个部位共同呈现出来的综合信息会让我们的判断更准确。

3. 摇尾巴、转圈、翻肚皮，这些行为很容易让人产生刻板印象，其实同一个行为可以表达截然不同的意思。

4. 要尝试通过细心的观察去解读自己的狗，你是世界上最应该了解它的一举一动的人。

第三节
关于吠叫，你要知道的

养了狗的人都知道，狗的吠叫声不是只有"汪！汪！汪！"一种。它们用不同的吠叫声表达着不同的情绪，吠叫声是主人们了解狗想法的极佳途径。

每一只正常的狗都是能吠叫的，但不同狗的吠叫行为不一样，有的特别爱叫，有的按需求叫，有的可能一辈子都不叫一声，但其实它并非不会叫，只是不通过叫进行表达而已。对主人来说，有一只会吠叫的狗其实更好，因为多数普通人并不善于通过观察狗的行为、表情细节去了解狗，声音能让我们更容易洞察狗的想法和需求。

狗的吠叫其实有不同含义

我被问过无数次这个问题："狗乱叫怎么办？"如果家中有一只经常乱叫的狗，确实很烦人，自己烦、家人烦，邻居还会投诉甚至报警。但这个问题实在问得太笼统了，狗叫是有很多原因的。你感觉听到的都是"汪！汪！汪！"的声音，但是这些声音代表的是狗不同的情绪和需求，想解决它乱叫的问题，就要搞清楚它为什么叫。

◆ 兴奋的吠叫

一些狗兴奋的时候特别容易吠叫。例如主人回家时，狗特别兴奋，一边往主人身上扑跳，一边进行吠叫。这种吠叫通常都是短促、清脆、有力的，每一次吠叫之间会有很短暂的停顿。有些狗在玩得很开心时会自然地吠叫，一边互相打闹，一边发出响亮的叫声，时而吠叫一声，时而连续吠叫几声。这通常是一种无害的情感表达，以进门吠叫为例，如果你不在意这种吠叫的习惯，每次回家都热情地回应它，它这种兴奋的吠叫会保持下去。而如果你并不希望回家时候它又扑又跳，则应该在回家时对它的吠叫进行制止，让它明白尽快平静下来才是你想要的良好行为，这种吠叫习惯就能逐步消失。

主人回家，狗兴奋地扑跳

◆ 提要求的吠叫

狗是会用吠叫提出要求的。通常一只狗在进行这种提要求的吠叫之前，会先用行动向你表示，例如它叼了一个球放到你脚边丢下，然后坐下来专注地盯着你。如果这个时候你毫无反应，或者对它不理不睬，它可能就会发出响亮的吠叫声提醒你关注它。这种吠叫通常都是非常响亮、干脆、短促的。当它吠叫一声没有回应，它可能就会连续吠叫两三声再停一停，然后看你的反应如何。如果你因为它这种吠叫而做出了回应，它下次就懂了——我想玩的时候，对着主人叫几声，他就会陪我玩啦！

狗拿球到主人身边后吠叫

提要求的吠叫非常常见。例如晚上被关在笼子里睡觉的狗，早上看到主人起床了，就会不停对着人吠叫，这种吠叫声音洪亮，持续时间长，因为它睡了一晚后精力可旺盛了。你为了不吵醒家人或者邻居，快步走向笼子把它放出来，它这次又明白了——早上看见主人起床就得大叫，他会过来放我出笼子，如果他不过来，我只要更大声地叫，他就一定会来！

有一些狗的生物钟非常准，如果你每天规律地起床、带它外出、喂食，这些狗可能会在时间到了，但你还未开始有做这件事的迹象时发出吠叫声提醒你："喂，是时候起床了！我可不管什么是周末，反正现在是早上7点整！"

狗也经常通过吠叫提出排便相关的要求。最常见的是这两种：第一种，狗被困在笼子里，内急严重想排便了，通过吠叫通知主人放它出去，如果怎么叫都没人理，它可能就憋不住在笼子里拉了；第二种，狗排便后告知主人去清理。我认识一只

狗在厕所吠叫

哈士奇对这件事特别执着，它只要去厕所（是主人的厕所）排了便，就一定要主人过去清理。不管现在是下午5点还是凌晨5点，主人不在客厅它就去扒主人的房门，边扒边叫，直到主人起床把便便清理了，它才安心睡觉，非常爱干净。

说到这里，我想起了蛋挞在8个月大的时候一次非常聪明的提要求举动，那时候它刚到我家两个月，还是只幼犬。有一天它突然对着我们的餐桌一顿吠叫，我知道它在提要求，但是不知道它想干什么，就问它究竟想要什么。然后它跑向自己的水盆，再跑回我们的餐桌前。我仔细一看，原来它的水盆干了，它想喝水。我说蛋挞聪明，是因为它并不是对着自己的水盆吠叫，而是对着我们餐桌上的冷水壶吠叫，当我拿起冷水壶走向它的水盆的时候，它狂摇着那短短的尾巴跟着去喝水了。我没搞明白它是什么时候弄懂了冷水壶才是真正的水源。

狗通过吠叫向我们提出要求，我们是应该满足呢？还是忽略呢？还是拒绝呢？这并没有标准的答案，但可以肯定的是，如果我们总是快速满足，那么当狗再次向你提要求的时候，如果你不能及时满足，它会持续吠叫并越来越大声，甚至有更激动的扑跳行为去催促你满足它的需求。

所以我通常的建议是先拒绝，使狗停止吠叫，待狗平静后，根据它提出的要求的合理性，选择是否执行这件事。怎么理解呢？以玩玩具为例，当狗将玩具丢到你脚边，对着你不停吠叫的时候，你先拒绝和它玩耍，让它的吠叫停下来。而当它恢复平静，放弃要求玩耍之后，如果你想陪它玩一下，那么这时候可以主动叫它把玩具叼过来，和它好好地玩一会儿。这个过程和直接满足它的要求是有极大的区别的：狗叼

着玩具过来吠叫你就陪玩，你是被动的一方，它在管理你的行为；狗叼着玩具过来你拒绝了，它平静后你再叫它一起玩耍，你是主动的一方，你在管理它的行为。谁主动谁被动，谁管理谁的行为，这些日常生活中的互动交流，将直接决定狗如何看待你和它之间的地位关系。

◆ 警告的吠叫

保护领地，提醒同伴有危险，是狗天生的特质，也是狗成为人类伙伴的重要原因之一。虽然现代社会有管理完善的小区，有安保系统，有摄像头，有防盗门，很多人已经不需要狗的这项工作技能，但是狗的特性不会因为科技发展而迅速消失。所以当有门铃声，有快递员敲门时，一些狗就会变得异常紧张、警惕，发出连续不断的响亮吠叫声。这种声音有两种意思：其一是警告驱赶，告诉入侵者我已经知道你在靠近了，你不要再试图靠近，否则我会发起驱赶攻击；其二是向自己的群体发出警报——有危险，请注意，赶紧来一起驱赶入侵者！

狗对着门外吠叫

一些领地意识非常强的狗，除了会对门外来客进行警告驱赶之外，还会对家人进行驱赶。例如小孩靠近它的笼子，或者家人靠近它正睡得舒服的沙发，它可能会站起来怒目圆睁，对着家人狂吠一通，当家人退开，它就带着胜利的喜悦重新占据着自己的领地趴下了。

很多主人会把自己的狗放在车里面一起出行。领地意识强的狗，在车辆这种狭小的移动空间当中，会时刻进入警惕防备的状态。当主人在收费站停留缴费的时候，它会对着收费窗里的工作人员吠个不停，因为它觉得需要警告驱赶这种离车窗特别近的人。如果不教会这种狗正确的乘车礼仪，降低它守护空间的欲望，对安全驾驶是一个极大的隐患。

错误的随行状态也会使狗在路上对路人或者其他狗进行吠叫警告。当我们在遛狗的时候，狗走在了我们的前方，它就进入领导者的角色。一只敏感警惕、保护欲强的狗成为领导者时，会对所有靠近自己和主人的生物都进行吠叫警告，倒不是说它有多厉害，谁靠近它都敢凶，它可能只是大声地高喊着"你别过来啊！我怕啊！你走开！"

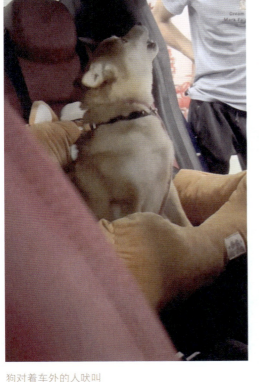

狗对着车外的人吠叫　　　　　　　　　　　　　　　狗在路上对陌生人吠叫

　　但我一直认为，狗会吠叫警告不是坏事，分享两个真实例子。一个例子发生在我妈妈身上，当时我妈妈在阳台整理物品，爬高之后没站稳直接摔倒在地上了，痛得连声音都发不出。蛋挞听到了阳台的动静之后立即吠叫警告，并且来回在我爸爸的房间和阳台之间边跑边吠叫，成功引起了我爸爸的注意，我爸爸随即到阳台帮助我妈妈站起来。如果没有蛋挞的吠叫通知，估计我妈妈要在地上躺上好一段时间。

　　另一个例子是我们全公司同事印象都非常深刻的。某天凌晨5点我们几个同事同时收到一条感谢信息，是此前一位狗主人发来的："谢谢你们，自从上课后豆豆过度吠叫的情况就改善了，不会轻易乱叫一通。但是今天凌晨3点多它反常地狂叫不止，原来是楼下着火了。我们把整栋楼的住户都叫醒了，成功避过了火灾，如果是以前我们会忽略它的吠叫，谢谢你救了我们！"

◆ 危险的低鸣吠叫

对于前面提到的警告吠叫，狗其实只是在进行驱赶，所以声音会比较大，行动也会比较明显——激动扑跳。而当狗肢体紧绷、动作僵硬，同时龇牙发出低鸣声的时候，才是真正危险的时刻，这意味着你再进一步挑战它的底线，它就会毫不犹豫地发起攻击了。

占有欲强的狗很容易做出这种表达，当它们拥有了高级别的食物，例如一块肉骨头的时候，如果有其他狗靠近或者有人靠近，它会定住不动然后发出低鸣警告，如果谁不识抬举试图拿取它口中的骨头，下一秒它就会发起攻击。

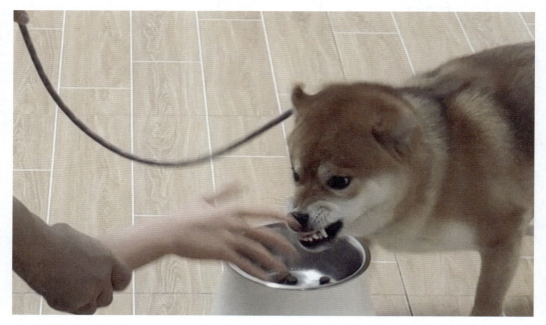

狗为了护食发出低鸣警告

而一些对身体接触敏感、对人不信任的狗，做出这种表达则更为频繁。这通常都是因为狗曾经被人伤害过，因此对人的接触非常不信任。当有人靠近、伸手抚摸时，它会下意识地认为自己可能会被再次伤害，就会发出这种低鸣警告。

千万不要对狗的低鸣警告视而不见，不要以为这只是很轻微的表达，都没有大声吠叫，应该不是很严重。我听过一句老话：咬人的狗不叫。当狗真要发起攻击的时候，它们是不会忙着吠叫的，正如你吃饭的时候也不怎么说话，因为嘴巴正在工作呢。

当狗对你发出低鸣警告的时候，你需要做的事情是立即停下来，然后想想是什么让它那么紧张。不要试图用说话让它冷静，当它紧张的时候你持续对它说话，它又听不懂你说什么，只会因为觉得你盯着它不停发出声音而变得更紧张；也不要试图伸手安抚它，因为这时候你的手再向它靠近就是一种"不顾警告继续侵犯"的行动，狗会立即发起攻击；也不要快速退缩离开，狗会认为你的快速行动是图谋不轨，然后冲上来追咬。最正确的处理方式是先停下你当前的动作，狗看到你没有做出激烈快速的行动，它紧张的情绪就会逐步缓解。挪开你盯着它的眼神，用非常慢的速度收回你伸出去的手，平静地站立不动，直到狗的低鸣彻底结束，神态放松下来之后，你就可以平静地离开了。

当狗警告时人应停下不动，让它自行冷静

◆ 焦虑的吠叫

当狗有一些需求和欲望无法满足的时候，它会产生焦虑的情绪，伴随发生的就是发出焦虑的吠叫声。这些声音在最开始会是"呜呜嗯嗯"的鸣叫声，你能从中感觉到它的不安和委屈，当它的情绪无法释放甚至焦虑持续升级的时候，就会发展成连续不断地大声吠叫。

一只刚被带回家的幼犬，在第一天最容易发出这种焦虑的吠叫声。当你把它安置妥当，离开它的时候，它是出生以来第一次独处，和其他活物彻底分开。没有了狗妈妈和兄弟姐妹，又没有了这个关切它的新主人的陪伴，它感到恐惧和不安，焦虑的吠叫马上就会发生。如果此时你觉得狗真可怜，回去一顿安抚，你会发现它的吠叫立即停止，又变成那只可爱的狗，而当你安抚过后再次离开，它又会焦虑地吠叫。面对这种情况，你需要做的不是回去安抚狗，因为它会认为正

幼犬在笼子里吠叫

是自己的吠叫让主人回来的。你应该回去对它的吠叫进行制止，可以回到狗身边，用力拍一下笼子，然后再次离开。当你拍打笼子时，狗会因为你的行动而停止吠叫，而当你离开，它很可能又会再次吠叫起来。不要着急，继续回去拍笼子制止它的吠叫，通过数次的反复操作，它终于明白"每次吠叫之后，主人会过来制止我，我还是别吠叫了"。

除了幼犬初期的焦虑吠叫，一些太黏主人的狗，在主人离家上班的时候也会焦虑。这种焦虑会让它们吠叫、扒门，严重时会持续吠叫好几个小时，甚至持续啃咬门框以发泄自己的焦虑情绪。出现这种严重情况，多数是因为狗在小时候就没有习惯和主人的正常分离，并且主人总是在狗焦虑吠叫的时候给予它较多的关注和回应。如果在主人在第一次和狗分离时就能做到制止狗焦虑和不过多关注，并持续坚守这一规矩，狗在之后的日子里多数都能轻松接受和主人的分离。

◆ 害怕的吠叫

不同的狗的性格差异是巨大的，有一些狗大大咧咧的，什么都不怕，什么都好奇，甚至挨揍了也不觉得痛，仍然嬉皮笑脸地玩耍，这种类型的狗可能一生都不会发出害怕的吠叫声。但是有一些狗属于敏感胆小的类型，对一些特别的声响或者物品有害怕的心理，例如有不少狗害怕雷声，当这些狗听到雷声时，因为害怕、不知所措就会到处乱窜，找地方躲避。而当它们发现这种雷声持续不停、无处不在的时候，就会一边颤抖一边发出吠叫声。

很多狗主人知道狗害怕雷声，于是就使用对待小孩子的方式——抱紧它进行安抚，希望通过抱紧让它不乱窜，希望通过抚摸和跟它温柔说话让它平静下来，殊不知这种操作会极大地加剧狗的恐惧心理。当我们抱紧狗时，它的理解是"我很紧张害怕的时候，还被主人抓住，我的身体被支配，我更紧张了"。当我们安抚狗并对它说话的时候，狗想到的是"我非常害怕这声音，主人的抚摸是鼓励我的这种情绪，看来我害怕是对的。"

狗因害怕躲藏在"洞穴"中

正确的处理方式，是给狗套上绳子，带它在家里面平静地随行。当狗走动起来的时候，它慢慢会把注意力放在如何跟随主人行走这件事情上，从而忽略雷声。当它行走一段时间后，它的情绪得到了缓解，而此时雷声仍在继续，它会慢慢意识到"这种声音还是存在，但我现在的状态挺放松，好像也没发生什么恐怖的事情，我可以和这种声音平静共处"。因此当狗因为害怕而吠叫的时候，我们不要安抚它并和它对话，而要通过行动让它转移注意力、释放压力。

◆ 疼痛的吠叫声

这种声音特别容易分辨，当狗受伤或者感到疼痛的时候，就会发出非常尖锐的叫声。狗通常都是在感受到疼痛的那一刻发出剧烈的尖叫，如果听到狗持续尖叫，可以肯定它正在持续地感受到疼痛。

例如，狗踩到了一个钉子会马上发出尖叫声，同时它因为不知道为什么脚底会痛，所以会跳动试图摆脱疼痛感，结果因为跳动踩踏，脚上的钉子继续刺入，疼痛刺激无法停止，它就会发出持续的尖叫声。

作为主人，当你发现这种情况的时候必须迅速观察、做出判断，消除持续引发疼痛的因素。在上述情况中，主人要做的就是把狗抱起来，让它的脚不再因为慌乱而继续踩踏地面。

◆ 寂寞的狼嚎

有人认为发出"嗷呜"的狼嚎声是狗的一种返祖现象，真相是什么，我也无从考究，但是我接触过比较多会狼嚎的狗，狼嚎的情况多数发生在狗被独立关闭的情况下。当狗被独立关闭在笼子里，或者独自在家很长时间，它就会不时发出这种声音。因此我将其归结为寂寞郁闷的表达。别以为只有像狼的哈士奇、阿拉斯加才会这么叫，我们调整过一只每天晚上都会狼嚎几分钟的柯基，而我家的玩具贵宾蛋挞在这9年里也发出过四五次狼嚎声。

狗伸长脖子狼嚎

既然狗是因为太寂寞才发出这种声音，解决起来也不算太难，让狗多运动，累了就不会寂寞了。当然也不应该长时间地把狗独立关闭着，不要让你心爱的狗天天独自"坐牢"到狼嚎。

◆ 了解狗吠叫的原因

本节开头的问题提得有点笼统，那么一个主人问："我家狗总是半夜大声吠叫，是怎么回事呢？"这问题是不是就足够具体呢？

通常要给主人解决这个问题，我需要问好几个问题了解狗吠叫的原因。这些问题包括：狗是刚到家的幼犬吗？这种情况发生了多久？你有没有注意到环境中有特别的声音或发生特别的事情？此前它半夜吠叫你是怎么处理的？

单单一个半夜吠叫不停，我遇到的情况就五花八门。

幼犬是最容易半夜吠叫的，最主要的原因是刚到的时候觉得和主人分开太久了，非常焦虑不安，希望主人过来陪伴，而半夜睡醒了、精神了，就开始吠叫了。这时候主人过去安抚一下，它就明白只要我狂叫不止，主人就会来陪我，从而成功地训练了主人。

有不少情况是狗半夜会在笼子里排便，它拉完之后觉得脏，想让主人来清理，而此前也一直有这个习惯——只要拉完一叫，主人马上就会来清理。那么它可不管这是下午3点还是凌晨3点，只要急了就拉，拉了就叫人来清理，感觉合情合理。解决这个问题的方法是让它养成稳定的进食习惯，并且在睡前让它排便。半夜不拉，就不会叫你起来清理了。

狗在房门前焦虑鸣叫

有一个让我印象非常深刻的案例，狗每天凌晨4点一定要叫主人起来喂它吃饭。我问主人为什么会这样，她告诉我，这是一只被收养过的狗，以前的主人凌晨4点起来做早课的时候它就有饭吃，所以养成了这个习惯。后面她把狗收养回家，狗仍然保持着凌晨4点开饭的习惯。

对于怕雷声的狗而言，半夜突然下起的雷雨实在太恐怖了，以至于它们只要感受到空气当中的潮湿，就开始不安。有雷声的晚上狗因为恐惧不安而吠叫，全家人都别想睡了。

有一些情况，主人说什么都没有发生，狗也没有排便的需要，也不是想吃饭，就是半夜无缘无故地叫起来。这通常是狗听到了我们没听到的声音——这不是鬼故事，只是因为狗的耳朵真的比我们灵敏很多。有一些声音通过楼层、楼道传播到家中，我们什么都没发现，但是狗听得一清二楚。有一只拉布拉多，它每天早上5:20就开始对着客厅窗外吠叫，直到家人起来陪它。后面我让主人认真观察，他们终于发现了原来早上5:20是楼上邻居起床的时间，狗听到了阳台外楼上的活动声音，发出了吠叫的警告，同时也逐渐演变成要求家人起来的习惯。

狗对着阳台张望、吠叫

同样是半夜吠叫，同样是干脆利落的吠叫声，原因不一样，狗的需求也差异巨大。作为狗主人，你是最熟悉家中情况和狗状态的，稍稍动脑进行思考分析，你就是最能帮助自己解决狗吠叫问题的专家。

◆ 改善吠叫问题的常规方法

前面提到了狗吠叫的原因、行为细节、具体差异和对应的处理方法，对于一些爱吠叫的狗，其实还有一些通用的方法，可以减少吠叫的发生。

1. 不要只当狗吠叫的忠实听众

当一些狗吠叫不止的时候，有很多的主人竟然是看着狗吠叫然后什么都不做的，我想最主要的原因应该是这些主人确确实实不知道自己该做什么吧。但如果你对它的吠叫行为无动于衷，狗就会默认可以继续做。所以千万不要只是看着狗吠叫然后呆立当场，要想想它为什么吠叫，你该采取什么行动给它清晰的提示和引导，否则要狗自己停下来，可能会需要很久。

狗吠叫，主人在后方远处无动于衷，吠叫就无法停止

2. 不要"附和"它的吠叫

有的主人听到狗的叫声会很不耐烦，于是就大声责骂，希望通过更大的责骂声让它停下来。但如果狗正在对门外的快递小哥进行吠叫警告，你的责骂对它而言只是一种附和，它会认为"我的吠叫警告起效了，我家主人也知道有敌人入侵了，你看，他都跟着我一起警告入侵者呢！"别以为你嘴巴上一直说"别吵了，别叫了"，狗就能理解你的意思，这些复杂的语言对狗而言毫无意义。你发出的声音以及你情绪里的烦躁，只会让它认为你们是同频的队友。

主人责骂扑叫中的狗，并不能有效制止它们扑叫行为

3. 不要试图安抚或者困住它的叫声

当狗警告吠叫、害怕吠叫、焦虑吠叫的时候，如果你去安抚它、抚摸它，甚至抱起它，它会认为它的吠叫行为得到了你的鼓励，吠叫的发生会变得更加频繁。而如果你觉得非常烦，给狗套上一个嘴套，把狗塞进笼子，或者把它关到洗手间，那么狗的这种状态就被你彻底困住了，它会不停地吠叫，直到你把它从这种被困状态中释放出来为止。所以如果有客人到你家拜访，狗叫个不停，你千万不要试图把它关起来，否则客人在你家的全程你都会听到狗在厕所门后的吠叫声。

主人抱紧狂吠不止的狗，狗的情绪会更激动

4. 让狗充分消耗精力

充分消耗狗的精力能有效解决狗的吠叫问题。我们睡觉休息的时候，狗也在睡觉休息，当你睡够8小时精力充沛地上班上学时，狗也精力充沛地在家无聊。这种状态下，狗就会把无处发泄的精力用来焦虑吠叫，叫上几个小时直到你回家，它就"收工下班"停止吠叫了。而对于爱发警告的狗而言，既然精力充沛、无事可做，听门外那一丁点儿的动静就是一天最大的乐趣了。电梯到了本层、邻居拿着钥匙回家，都是它狂吠发泄的大好时机。而我们只需要在离家前带狗进行充分的运动，狗就能在家安静地待上好几个小时。什么分离焦虑，什么声音敏感，什么打雷下雨，当狗累了，它就会安心休息，没空关注那么多，也就懒得发出吠叫声了。

狗在跑步机上跑步

5. 给狗留点好吃好玩的

当家里彻底没人的时候，一只"独居狗"确实容易感到无聊和孤独。离家前给它留一个耐咬的磨牙棒磨磨牙，给它一个漏食球自娱自乐，对狗而言也是不错的安排。

狗玩漏食球

◆ 只需4步，教会狗吠叫和安静的指令

既然大部分人都觉得狗的吠叫是个困扰，那么主动教会它识别"吠叫"和"安静"的指令，狗的吠叫行为就能被快速干预，困扰自然也能更快消失了。

让狗听指令吠叫的4个步骤如下。

1. 找一个能让狗兴奋的物品（可以是它最爱的玩具、球、衣服袜子），引发它的吠叫。

2. 你要兴奋地摆动手中的物品，让它也跟随你兴奋起来，但物品始终不能交到它嘴巴里。

3. 当它兴奋又不能获得物品时，它会吠叫，一旦它吠叫，你立即说"好"，奖励它零食或者玩具。

4. 在狗发出吠叫的时候，你同时向它做出手势并发出"叫"的语言指令。

重复以上步骤，狗很快会明白，当你做出手势和说"叫"的时候，它吠叫就能得到奖励。

关键点：在你给出"叫"的指令时狗做对了，才给予奖励，狗随意吠叫、不停吠叫的时候不给予奖励。

主人训练狗吠叫

让狗听指令安静的3个步骤如下。

1. 给予狗"叫"的指令，让它吠叫，吠叫后不给予任何奖励，狗多数会持续吠叫。

2. 当狗持续吠叫的时候，做出手势并发出"安静"的语言指令。

3. 当狗的吠叫停顿，立即说"好"，奖励它零食或者玩具。

重复以上步骤，狗很快会明白，当它吠叫时，你做出手势和说"安静"的时候，它安静下来就能得到奖励。

关键点：狗连续吠叫时停顿的时间很短，快速抓住它停止吠叫的这一刻给予奖励。

主人训练狗安静

◆ **10种最喜欢吠叫的狗**

如果你本身是个对噪声比较敏感的人，也不想打扰到邻居，在选择狗的时候，应尽量避开以下10种狗。

1. 比格犬

这种小型猎犬可是有着一个极为响亮的外号——"森林之铃"。因为在以前，比格犬的响亮叫声就是打猎时最好的交流工具，它们现在依旧保持着这种特性。如果主人没有进行驯犬，那么它们的叫声真的能够把人逼疯。幸好的是，作为猎犬的它们，十分容易被训练。

比格犬

2. 喜乐蒂牧羊犬

喜乐蒂牧羊犬传说当中是苏格兰牧羊犬和狐狸杂交以后产生的后代，它们十分活跃，即使是在进行放牧工作的同时，也会想着如何自娱自乐。而吠叫是它们自娱自乐的一种方式，有时候它们吠叫其实没有任何理由，只是想要听听自己的声音解闷。

喜乐蒂牧羊犬

3. 吉娃娃

吉娃娃是体形较小的品种之一。因为体形上的劣势，吉娃娃在面对很多事情的时候，都没有太多的自信。在遇到危险或者是其他问题时，吉娃娃总是希望通过吠叫来先发制人，保证自己的安全。然而会刺激到它们的事情多如牛毛。

吉娃娃

4. 哈士奇

准确地说，哈士奇并不是喜欢吠叫，用哈士奇主人们的说法，那是它们喜欢唱歌。因为哈士奇的叫声总是拖得很长很长，像是在诉说一些人类不知道的秘密。当然，无论怎样，这种声音都让人难以忍受。

哈士奇

5. 约克夏

作为几乎用一个手掌就能抱着的小型犬，约克夏特别讨人喜欢，但是不少约克夏那叫个不停的特性，相信除了主人之外，很多人都会觉得厌烦的。

约克夏

6. 迷你雪纳瑞

这种狗集齐了多个会让它吠叫的特质：体形小，有领地意识，而且敏感。如果你有一只这样的狗，你甚至可以通过它的吠叫知道窗外刮风了。

迷你雪纳瑞

7. 澳大利亚牧羊犬

作为牧羊犬，它们比喜乐蒂牧羊犬要乖巧得多，但它们依旧是一种十分喜欢吠叫的狗。它们相信吠叫可以解决和主人在沟通上的问题，特别是在主人没有满足它们的需求时，它们就会用源源不断的吠叫来"合理"地向主人提出要求。

澳大利亚牧羊犬

8. 阿拉斯加

阿拉斯加和哈士奇是一对好朋友，它们不仅仅在外表上十分相似，就连性格也没有太大的差别。相比于其他的狗，它们更喜欢用嚎叫的方式来表达自己的情感和想法。如果你撑得住，它们可以对着你嚎上一天。

阿拉斯加

9.博美

博美可以说是一种可爱的狗，除了它的叫声。当博美不吠叫的时候，你会觉得它是世界上最可爱的狗。然而没有经过的训练的博美是十分敏感而脆弱的，它们会因为一些小事而受到惊吓，然后开始吠叫。

博美

10. 贵宾

贵宾精力旺盛、敏感警惕，最爱对门外的访客吠叫。当然，如果在户外遇到大狗和奔跑的小孩，它们的吠叫声也会立即响起。

贵宾

当然，并非说不能养这些狗。虽然从品种特性上，它们被认为普遍喜欢吠叫，但切记每一个个体的差异都是巨大的，同一品种的10只狗有7只爱吠叫，那么这个品种会被认为70%的狗都爱吠叫。但是对于另外不爱叫的那3只狗，对它们的家庭而言，这只狗就是100%的不爱吠叫了。

通过阅读本节内容，你应该有相当的信心去了解和应付狗吠叫的问题了。多数狗通常不会胡乱吠叫，只要它发出叫声，那么就意味着它一定是有一些需求和欲望没得到满足。通过对吠叫声和吠叫时的狗的状态、环境因素的综合分析和判断，你就知道狗想做什么了，至于是否需要满足它的需求，由你决定，你才是这个家里的规则制定者，用实际行动去解决你家狗的吠叫问题吧！

本节小书签

1. 狗吠叫的声音、原因、需求差异巨大。

2. 要解决吠叫问题，应综合分析吠叫的原因。

3. 让狗充分运动，能解决多种吠叫问题。

4. 如果不想受到吠叫的困扰，应避免选择一些爱叫的品种。

第四节
奖励和制止的方式和时机

当狗犯错误时，我们先想到的，总是惩罚。

狗上桌子抢我的骨头，我该不该罚它？

狗在我回家之前把鞋子全咬烂了，我要怎么罚它？

狗乱拉乱尿，打骂那么多次都不管用，怎么办？

　　一只狗逐步成长的过程，也是不断适应我们家庭生活的过程。在这个适应的过程当中，总有它或者我们觉得不适应、不舒服的事情发生。这些事情发生时，作为主人的我们若觉得不满意，就很容易生气。而我们生气之下的第一反应通常是惩罚它，让它下次不再犯。

　　究竟是打它呢？还是罚站呢？还是把它关一天不管，或者饿着它不给东西吃？哪种惩罚最有效？总有大量的主人每天被这些问题纠缠，他们一方面不希望对狗"大打出手"，另一方面又觉得特别生气。如何有效惩罚狗？这个问题最容易在我们的脑袋里冒出来，我们就先来把这个问题解决掉。

打骂狗、把狗放在高凳子上惩罚，都不是好办法

◆ 制止错误行为的方式与原则

首先必须明确，不要用"打""吓"的方式来惩罚狗。打狗带来的后果会非常严重，在这节我们不讲惩罚的后果，先讲一讲正确的制止错误行为的方式。

在狗做出错误行为的当下立即制止，让错误行为被终止，才是最有效的教育狗的方式。而当狗做错事之后才做出的各种惩罚，并不能让狗理解错误行为和被惩罚之间的关系。

正确的制止方式，就是在狗做出错误行为的时候，使用绳子、我们的手，或一些肢体动作对狗进行驱赶、制止。只要将狗成功驱赶或者制止了它的行为，使它放弃继续做当时的错误行为，就是有效的行动。

例如，狗偷吃桌子上的食物，我们用绳子把它拉开，并且发出制止的声音指令，就能有效制止狗的错误行为；狗咬住了你新买的鞋子，你过去压住鞋子并且推开它，它知道躲避，这就是一种有效的制止；狗闻到你煮饭的香味，突然冲进平时不让它进入的厨房，你生气地喊"出去！"，这就是一种有效的制止。

狗并不能理解长时间的关闭、不给食物等行为是对它做错了一件事的惩罚，它们的小脑袋无法对这种事情进行关联思考，这种行为只能让主人觉得出了一口气。

在制止狗时，我们必须遵循一个原则——所有的制止必须有效，不然在狗眼里，那些行为只是主人无理的撒泼罢了。制止如果想发挥效果，应该具有"指导性""立即性"和"一致性"。最重要的是，狗应该预先得到警告，让它有充分的机会表现先前训练过的适当反应以避免受罚。

就像孩子吵闹时，我们应该先获取孩子的关注，认真地告诉他不能再吵闹了。

真正有效的制止，应该让狗知道还有可选项，而不是动不动就惩罚它。

用手掌阻挡狗，示意"不能做"

◆ 无效的惩罚等于虐待

惩罚如果没效果，对狗而言就只是一种虐待。因同一个原因不停惩罚狗，其实就是一种明显的提醒——你的惩罚没有效果，你要考虑换方法了。

例如，有的狗一直没有学会定点大小便，主人每次看到狗乱拉就满腔怒火，于是见一次打一次，但狗乱拉的情况愈演愈烈。这就证明惩罚毫无效果，唯一的作用是让主人的情绪得到了发泄。

暴怒的主人把狗压在地上打骂

制止狗的行为需要有一定的震慑力，才能得到你想要的结果，但又不能过分到摧毁狗对你的信任。你必须当心，虽然有的制止方式能纠正狗的坏习惯，但是会在整个过程中过度刺激狗，并破坏你们之间的关系。

有的狗稍微吠叫，主人就大骂一声然后冲过去揍它。主人和狗平时建立起的信任，可能就在一次次的"虐待"中被消耗殆尽。虽然狗在你揍它时停止了吠叫，但狗是因惊恐而停止吠叫的。惩罚的严厉程度应该视"犯罪"的严重程度而定，例如成犬攻击人和幼犬乱拉，前者是重罪，后者是轻罪。

◆ 制止必须立即进行，狗才会懂

狗是活在当下的生物，如果狗"犯罪"时立即被制止，它就会明白是怎么回事。

狗跳上桌子吃你的食物，被你看见，你立即驱赶它，这是有效的制止；当你上班不在家，狗在沙发上撒了一泡尿，4小时后你回家发现沙发惨遭祸害，再叫它过来揍它一顿，这是延迟的惩罚。

延迟惩罚对教育狗来说没什么用，破坏你们之间的感情倒是一把好手。对狗而言，惩罚行为抑制的是前一刻出现的行为，上面提到的延迟惩罚，指向的是狗和你打招呼、回到你身边，或者你靠近它、呼喊它的名字等行为。狗很快会变得怕你叫它的名字，怕你突然靠近等。

如果某些情况做不到立即制止，更好的办法是让狗没有机会捣蛋，把它限制在某个区域或者系上牵引绳，直到训练好为止。这样狗没有机会捣乱，你也不需要惩罚它。

◆ 使用有效并带有指示效果的责备语言

与体罚相比，口头责备的效果要好得多。口头责备可以立即产生效果，而且可以相隔一段距离对狗进行指示。

指示性的责备语言本身就带有信息，且信息很明确。"慢点！""坐下！""走开！""松口！""安静！""出去！"等，都是有效的、带有指示性的责备语言。这些责备语言只用一个词就能让狗知道两件事：第一，它犯错了；第二，它该如何改正错误。

主人的音量和语气表明是在责备狗，发出的语言指令则是在告诉狗怎么改正。这样它不但能避免受到更多惩罚，还能因为良好的服从性而获得奖励。

例如，狗想扑过去抢小孩掉落的玩具，你立即说一句"坐下！"狗会清楚地知道自己想过去抢玩具的行为是错的，并且主人希望自己坐下来。

主人做出指示手势并发出提示声

与此相比，一味体罚狗，例如，当小孩的玩具掉落，狗想冲过去时立即揍它，狗关联到的是东西掉落后的恐惧感，以及不知该怎么做的惶恐。

◆ 让狗有机会做对的事

我们应该尽可能给狗机会，让它用自己的良好表现来避免惩罚，而不是只知道在它做错的时候揍它。

你必须先教狗适当的行为有哪些，再指导狗视情况做出对应的行为，例如教狗用"坐下"和小孩及其他动物打招呼，而不是扑咬、追逐小孩和其他动物。提前引导狗，让错误的行为没有发生的机会，比单纯的惩罚有效太多。

请记住，用暴力发泄愤怒的情绪虽然快捷，但造成的伤害也是巨大的。在狗做出错误行为的当下进行制止是有效的，但也并非最佳之举。改变狗的错误行为，更有效的方式是引导和奖励其正确行为，让错误行为没有出现的机会。

◆ 对狗而言，原来这些都算奖励

惩罚不是最好的处理问题的方式，奖励才是我们最应该学习的方式。而食物是大家最容易想到，也确实是绝大部分狗都喜欢的奖励形式。

除此之外，其实还有很多其他奖励，知道哪些做法对狗而言是奖励非常重要。正确的奖励可以鼓励狗做出越来越好的表现，反之如果你把奖励用在了它做错事的时候，那么你就是在鼓励它多做错事。

1. 食物和水都是奖励

食物是奖励，这个无须赘述。而更稀缺、更美味的零食，在食物里面就是更高级别的奖励。但是很多主人都会忽略，其实水也是奖励。

在自然界生存，食物和水都是需要动物自己去寻找、争夺的资源，但是在人类社会生活的宠物狗则不需要自己寻找这些。大部分主人因为长时间上班，会把一大盆食物和水留给狗。当生活太滋润，这些生存必需品在它们眼中就不再是奖励了。

下回你可以试试，在它跑完5公里之后，等它回家乖乖听指令了，再给它一盆水。你看它渴望的小眼神，就知道它会牢牢记住你给的这份大奖。

狗散步后在户外树荫下喝水

2. 玩具、玩耍是奖励

具有吸引力的玩具能让狗在看到的那一刻马上兴奋起来，所以玩具理所当然也是给狗的奖励。

但是有非常多的主人告诉我，它的狗玩两下就不再爱它的玩具了，那是因为他们把这个珍贵的奖励随便扔在了地上。

奖励本来就不应该随意得到，所以平时要将玩具整理好，也要让狗懂得珍惜玩耍的机会，这样的奖励才是最具吸引力的。

狗玩玩具

3. 这几种亲近行为是奖励

狗其实并不是很喜欢被抚摸和拥抱，但是当狗习惯了主人的行为之后，它们会默认被抚摸、被拥抱是能让主人愉悦的亲近行为，所以它们的态度也从不喜欢变成了接受，从接受变成了热爱。

主人与狗亲近

所以当你温柔地抚摸、拥抱狗的时候，它能感觉到这是你给予它的奖励。

但很多时候，狗的要求真的很低。许多主人会把它们丢在家里，一丢就是一整天，孤独的生活苦闷无聊，在这种状态之下，用不着抚摸和拥抱，你只需要呼唤它一声，邀请它来到你的身边，就是非常好的奖励，它就会吭哧吭哧地跑到你身边来。

和它对视，与它进行眼神交流，也是一种奖励，只要你流露出温柔的、深情的眼神，它瞬间就能感受到。你稍稍给它一点眼神或者表情的提示，它同样会朝你跑过来。

让狗静静地坐在自己身边，一边抚摸一边轻声地对它说话，应该是很多主人传递爱意时的做法。对狗而言，这种平静温柔的相处同样是一种奖励，一种让它也平静、安心的奖励，虽然它全程并不知道你在说什么。

4.达成条件后的放松是奖励

奖励很多时候是相对于"没有奖励"和"惩罚"而存在的。所以有时候,我们认为理所当然的东西,也会被狗认为是奖励。

吃饭后把狗关进了厕所,只要狗排便了,就放出来带出去散步,这是对定点排便的一种奖励。

让工作犬背着背包一起跟你登山,登山完成后把背包脱下让它好好休息,这是一种减轻压力的奖励。

让狗在炎热的夏天和你一起走3公里,然后让它站到树荫底下,这是一种放松休息的奖励。

◆ 了解什么是奖励对训练狗非常重要

奖励是由谁给予的,这是非常重要的决定地位关系的因素。如果奖励是在家中能随意获取,而不是由主人给予的,那么狗就不觉得你是能掌控它生命和生活的老大,你的地位自然不高;如果奖励总是由家中的某个人给予,狗当然就会对这个人更尊重。

◆ 奖励是什么情况下给予的,是让狗形成正确行为反应的关键所在

当狗做了对的行为,你给予奖励,当狗做了让你更为高兴的行为,你给予更高级别的奖励,这都会让狗一次次强化正确的行为。但奖励用错了地方就会出问题,例如狗对你邀请进门的客人狂吠,你觉得要安抚它,于是试图用抚摸、拥抱、温柔说话的方式让它平静下来,这等于对它的错误行为给予奖励,你会发现它变得越来越不听话、吠叫越发激动。搞懂什么是奖励,用正确的方式给予狗奖励,你才能拥有一只乖巧的狗。

◆ 狗做对了就奖励,真的只是这么简单吗?

我回来的时候它很热情地亲我,该不该奖励它?

它大部分时间都很听话,我老想奖励它,会不会太频繁了呢?

奖励总是要给吃的吗?怎样的奖励最有效呢?

奖励必须让狗感觉到。每只狗都有自己独特的爱好,都会重视某些奖励,比如大多数狗都不能抵挡零食的诱惑。而且不同奖励在狗心目中的地位,可能每一刻都不同。

举个例子，一块鸡肉干在上一刻是最具吸引力的奖励，但是这一刻狗身边多了一大群狗，它只想去玩。这时候，它对你的表扬、抚摸和你手中的鸡肉干都感到索然无味，你的一句"去玩吧"才是当下最具有吸引力的奖励。

也就是说，你可以把让狗分心的事物转换成能强化行为的奖励。这种狗能感知到并强烈认同的奖励，对引导狗做出良好行为会发挥最大功效。

◆ 奖励要及时，延迟奖励容易让狗犯错

奖励和制止一样，必须及时进行，因为延迟奖励也会强化错误行为。

举个例子，如果狗在和其他狗玩，它一听到你的召唤，立即飞奔到你身边，这时的称赞就别给得太迟。因为狗可能会无聊地坐下或者向你扑跳，而迟来的奖励就变成表扬坐下或扑跳的行为。稍微一慢，奖励的行为对象可能就完全不一样了。

延迟奖励还有其他风险，就是产生抑制好习惯的效果。举例来说，如果狗听话地回到你身边，却因为扑跳而受到惩罚，这项惩罚不但会强烈抑制扑跳行为，也会抑制良好的召回行为，导致狗以后听到你的召唤就不想回来。你应该立即奖励狗的正确行为，也应该立即制止狗的不良行为，这样才能强化好习惯和抑制坏习惯。

◆ 何时奖励能达到最佳效果？

关于何时该奖励、何时不该奖励动物，有成千上万份科学研究报告。动物心理学研究使用了好几种不同的强化奖励机制，作为主人，我们并不需要了解那么多，只需要知道两个关键点：狗做了什么事都给予奖励，奖励慢慢就会丧失吸引力；在狗做了正确的事情后随机给予不同奖励，对狗的奖励效果最佳。

例如，我们要狗学会"坐下"这个指令，那么第1次做到有奖励，第4次、第12次、第17次、第20次分别也有奖励。如果要狗学会安静等待，我们可能要在狗等待5秒、等待20秒、等待13秒、等待34秒的时候给予奖励，而不是每次达到15秒就给予奖励。我这里说的次数和时间都是随意写的，表达随机的意思，什么时候给予奖励，你按当下的想法去行动就好了。

当你用奖励诱导狗进行训练时，可以从一开始就使用不断变化的机制。如果狗一开始就做对了，你就要尽快开始降低奖励的概率，如要求它做出两次正确的行为才给予一次奖励。

不要让狗每次做出同样的行为都获得奖励，否则它确实会学得很快，但也会忘记得很快。如果奖励是随机的，它会学得很快，也会记得更牢固，会更努力争取好的表现。为什么随机的奖励能有这样的效果

呢？因为如果连续奖励狗，它确实能得到更多奖励，但也更容易对奖励失去兴趣和新鲜感，这样奖励就没有意义了。此外，狗会知道就算自己回应得晚了，只要回应，就会有奖励，那还急什么呢？甚至它会觉得"反正这次不做对，下次做对了也会有奖励"，那么这次懒得做，就下次再做。

◆ 没带零食时，随机奖励的价值就凸显了

玩抓娃娃机，你不停地投币进去，可爱的娃娃一次又一次在边缘滚动，你心痒难耐，总期待下一次它就会掉进洞里。经过不断地思考、努力、投币之后，你付出了远超过娃娃本身价值的费用，终于抓到了一个娃娃。这一次奖励的成就感，会让你重新开始下一次的投币。狗也一样，通过随机奖励的训练，它知道会有奖励，但不知道什么时候有。当没有奖励的时候，它不会放弃也不会埋怨，只会继续努力表现。

总有一些时候你手边刚好没零食，这时不需要担心，因为你通过平时的训练已经让狗养成了良好的行为习惯，它仍然会有正确的反应，而这时候你随机给予的口头表扬对狗来说也是一个有效的奖励。

◆ 持续变化，让狗不断进步

同样一个捡球行为，每次狗的回应都会有细微的差别。除了前面说的随机变化之外，我们更应该通过观察狗每次表现的细微差别，去奖励它更优秀的那些表现。

如果10次捡球，第3次反应快，第4次等待时特别有耐心，第12次特别专注又愉快，这都是我们可以加强奖励的时机，让狗知道它有越好的表现，会得到越及时、强烈的奖励，最优秀的一次表现甚至可以获得超级大奖。

我们通过对时机、表现的把握，灵活运用奖励去对狗进行训练和行为强化，会使训练变成一个特别有趣的互动游戏，而且是一个学无止境、精益求精的过程。狗的行为、情绪、性格都会在这个过程中得到正向的引导和塑造，你终将获得一个越来越默契、服从性高、心态积极的生活伴侣。

在和狗互动的过程中，奖励狗好的表现和行为

第二部分

训练篇

第四章

◆◆◆◆◆
CHAPTER FOUR

10天，让狗养成一辈子的好习惯

第一天
让狗了解家有家规

> 小时候，大人总教我们做人要有规有矩，而狗也是我们带回家的"小朋友"，让它了解在家庭当中的规矩，只能由你这位"主人"来做。

你终于要把狗带回家啦，是不是很高兴？是不是很兴奋？每次给家里添置新的小宠物，我都会兴奋不已，别说是一只狗，新买一条鱼都会让我高兴老半天。这个新生命要在我们的家庭里开始新的生活了，我们有太多事情想和它一起去做，有太多的未来可以期待，甚至迫不及待地想整天把这个毛茸茸的小家伙抱在怀里亲近。

不过回家的第一天，是我们给狗设定规则的重要日子，千万不要被兴奋冲昏头脑。我建议第一天把狗带回家，重点做以下4件事。

◆ 第一件事：安排好它的生活细节，但避免过多互动

在把狗带回家之前，先为它准备好各种生活必需品——狗粮准备好、饭盆和水盆清洗干净、围栏固定好、厕所铺上尿垫、准备一两件你不要的旧衣服。这些物品准备好后，就可以把狗带回家了。

狗到你家里后需要一段适应期。不要一到家就把狗放出来互动玩耍，应该直接把航空箱放到围栏区里面，把航空箱清理干净（狗可能在路途中会在里面排便）后铺上你的旧衣服，让狗先在里面休息。

建议的围栏布局

狗在航空箱内休息

在狗休息期间，主人要耐住性子不去干扰它。一直在狗旁边，时不时摸摸它，和它说说话，那并不是让狗休息，而是在和它持续互动，干扰它休息。我们希望狗到家后懂得的第一件事，就是平静自处。刚经历完户外各种复杂的环境，狗到了安静的家中，住在了自己的新窝里面，感受到宁静的时刻，正是狗熟悉和学习平静的好时机。

第一件事就是这么简单，你没有更多需要做的部分了。让狗自己休息一段时间，你也离开狗一段距离，做自己的事情即可。

◆ **第二件事：帮助狗熟悉家庭环境，并给它设定限制**

当狗休息一两个小时之后，你就可以开始做第二件事了。把狗从航空箱里带出来，最好先把它带到排便区，狗出来后的第一件事很可能就是排便（没有排便也不要紧，不用太在意这件事情，定点排便这一习惯也不是一两次就能养成的）。给狗戴上绳子，然后牵着绳子带领狗了解属于你们的家。

牵绳带幼犬熟悉新家

很多人把狗放出来的方式，是直接放开狗让它随便走，这会导致狗不受控制到处乱窜。而主人在后面追逐。追逐会变成和狗之间的游戏，根本无法达到使它稳定下来的目的。因此，把狗放出笼子之前，给它套上绳子，是最简单有效又省心的方法。

这个全新的生活环境对于狗来说是非常有趣的，一只狗被放出来之后，会不断地低头嗅闻，到处探索。还记得之前说过要提前收拾好家里的环境吗？一些不必要的杂物收纳好之后，狗探索新家这件事就会省心很多。狗在嗅闻的过程中，会了解这个家庭的环境和周边物品的信息，而不会被过多奇奇怪怪的物品干扰。

狗没牵绳到处捣乱

当狗感兴趣地到处嗅闻时，不需要一直拉着绳子，绳子只是在必要的时候才使用，应该把绳子彻底放松，跟随狗行动，让它自行探索。但在让它探索之前，应和家人商量好，什么房间它是不能进入的，什么界线它是不能逾越的，例如厨房是禁区，沙发不能跳上去等。在这些清楚的规则之下，如果狗走着走着往厨房里跑，这时候绳子就能发挥作用了——当狗准备踏入房门的时候，请拉动手中的绳子，让它离开房门。如果狗再次冲向房门，就再一次把它拉开，并给予制止的声音指令。注意，在拉开狗后一定要放松绳子，不要持续拉紧，否则狗可能会出于自然的对拉扯力量的抵抗，而一直朝着房门的方向冲。无论狗发生多少次这个行为，只要你不厌其烦地把它平静地拉开，它慢慢就能懂得"如果我想进入这个区域，我就会被制止"，久而久之这个房间就成为它的禁入区域了。

用绳子带狗探索，当狗想进入房门时制止它

沙发也是很多狗的禁区，但是很多狗喜欢跳上沙发，原因并不是它们生来就知道沙发是很舒服的。很多时候是因为主人坐在沙发上逗弄狗，狗被逗弄兴奋之后就往主人膝盖上跳，而主人觉得狗这么可爱，忍不住就顺势把它抱到腿上，狗就顺利上了沙发了。它喜欢的其实是跟主人的互动而不是沙发。所以如果你决定不让狗上沙发，那就不要坐在沙发上逗弄狗，不妨蹲下来或者坐到

和狗在沙发旁的地上玩耍

地上和狗玩耍，这样狗就不会被你引导上沙发了。而当狗主动地跳上沙发时，你需要做的事情和禁止它进入厨房是一样的——用绳子把它拉开即可。数次之后狗就能明白这地盘属于主人，它不能进入。

明白这个道理之后，对狗进行限制也就简单了。首先想清楚规则，然后利用绳子进行限制，特别注意不要错误引导狗犯规。一旦狗发生了犯规的行为，将它拉开或赶走即可，这样它逐步就能形成习惯。

分享一个很有趣的案例，我到一个养了两只柯基幼犬的家庭进行幼犬规则训练的时候，教了主人这个办法，两只狗也都执行得非常好，卧室门一直开着，不管家里有人没人，它们都绝对不会进入。半年后我收到主人的信息说，因为夏天太热了，想让它们一起进卧室睡觉，不知道可不可以。我告诉他，这个家是你的，能不能进、怎样才能进是你的决定、你的规矩，我说了不算数，但是你可以试试带它们进去，可能会有很有趣的事情发生。

于是主人决定从当晚开始把狗带到卧室里睡觉，他把狗窝和垫子都放进了卧室，然后叫两只狗进去。两只狗到了门边后，怎么叫都不肯进入，主人抱它们进去之后，它们像见了鬼一样，一边惊叫一边狂奔离开卧室。

狗真的是很守规则的群体动物，它们从小到大被教育这里是禁止进入的区域、是主人的领地，它们就能一直遵守这个规则，所以才会发生上述那一幕。当然，最后我也教了主人如何平静地引导狗进入卧室一起休息，这就是题外话了。

在让狗探索和了解这个家的时候，它可能会对某些物品动嘴，嗅闻过后舔一下或者咬一咬。当有这

种情况发生的时候，也需要用绳子把它拉开，打断它的这种行为，因为这些都不是它的玩具，不可以随便舔食或者啃咬。

这个过程结束后，就可以把它再次带回围栏区，让它自行休息或者玩耍了。而这件事则是狗到家的第一天里，最为重要的一件事。当这些规则设定了之后，全家人都必须对狗进行统一管理，避免"爸爸不让狗进房间，女儿偷偷带它进去玩"这种事情发生。

◆ 第三件事：避免狗焦虑吠叫的升级

狗到主人家的第一天，也是它和它的父母、兄弟姐妹分开的第一天。作为群体动物，狗突然落单之后会有非常强烈的不安感。如果主人在身边，那么狗通常会表现得非常安定或兴奋，但不会因为落单而焦虑，因为主人是它心目中的一个群体成员。而如果主人离开它，到一个较远的地方，甚至彻底消失在它的视线之外，有很多狗就会开始不安地吠叫。这就是焦虑的吠叫。

如果此时你觉得狗真可怜，回去一顿安抚，你会发现它的吠叫立即停止，又变成那只软萌软萌的狗，而当你安抚过后再次离开，它又会重复焦虑地鸣叫。面对这种情况，可以参阅第151页"焦虑的叫声"一节内容。

幼犬在笼内吠叫

这时你可像前文介绍的那样，拍打笼子制止它，因为狗没有被这样制止过，这个操作在初期会非常有效，只要你过去拍打一下，它一定会停下来。但是未必拍一两次笼子，狗就彻底不叫了，有的狗会在你离开后再次焦虑地吠叫。而你再次向它走去准备拍打笼子的时候，会发现走到半路它就已经停止吠叫了，这时千万不要觉得它不叫了，你就掉头离开，必须走到笼子边再拍打一次，然后再离开。你的行动会让狗清楚地知道，每次吠叫带来的都是主人坚定的制止，而不是"主人过来看一下我，然后就走开了"。

主人过去轻拍笼子

焦虑吠叫的行为可能在狗到家后的任何时间发生，包括刚到家把它放在围栏里休息时，在带它探索完家庭环境后再次关回围栏里时，或者你忙着做饭没空理它时。但更多会发生在晚上睡觉的时候，因为这时家中无比的安静，灯也熄了，主人也不在客厅走动，狗发现真正的孤独来临了。因此，带狗回家最好不要安排在晚上，在白天就把狗带回家，并且多次把它单独放在围栏内，离开狗，让它自己休息，提早对它进行独处训练，避免到了晚上狗才开始焦虑吠叫。不然你会因为担忧骚扰到邻居而被迫陪伴狗，甚至把狗带到自己的卧室里睡觉，这样白天所定的一切规则就全白费了。

如果狗在白天独处时没有焦虑吠叫，也不要开心得太早，建议当天晚上提早1~2个小时睡觉，目的是早点营造出睡觉的氛围，留出充裕的时间去处理狗的问题。如果狗真的没有焦虑吠叫，那么你就可以安心入睡，如果它马上吠叫起来，就可以按照上述方法，在这1~2个小时里进行调整，使狗平静下来。

需要特别注意的是，尽量在睡觉前和狗玩耍，消耗掉它的精力，并且让它完成排便、禁食禁水后，再将它关进围栏里休息，避免半夜狗排便后叫你起床清理，最终形成半夜叫醒主人的坏习惯。

◆ **第四件事：规范生活作息，了解狗特点**

狗在家里的生活不是只有一两天，要长期在家里生活，就应该让狗有规律的作息。喂食、排便、活动、游戏、休息、睡觉，这些事情分别在什么时间进行，如何引导进行，都应该在狗到家之前就确定下来。

给幼犬喂食

前面提到过遛狗最好一天2~3次，至少早晚各一次。喂食幼犬需要一天3~4次，但如果时间不允许，可以逐步调整为一天两次。这些事项并无强制的规定，狗不是机器，不需要按照说明书来调节。一定要记住规则是由主人制定的，主人有主人的作息规律，狗应该逐步适应家庭的作息安排，而主人在设定这些规则时，也应尽量满足狗的基本需求。

确定好规则之后，请严格执行下去，不要随意改变。该喂食的时间喂食，该放出活动的时候就放出活动，该休息的时候就不要让它到处乱跑，应该进行身体护理的时候就不要偷懒。狗是不会到点告诉主人该干什么的，只能由主人自己去保证执行。

请注意，不管是放狗出来互动玩耍，还是喂食、排便、清理，都不要长时间把狗晾在外面不管。在狗到家的初期，一定要在有人管理的情况下才将它放出来，这样对形成习惯非常有帮助。放出来半个小时左右为宜，尽量不超过一个小时，在这种时间和空间的管理之下，会更好养成狗的稳定性，定时定点排便的习惯也能更好地巩固下来。

在给狗做这些事情的过程中，观察狗对每件事的反应，也是了解狗性格的方式。本书内容有限，没有办法逐一告诉主人每件事代表什么，但主人可以参照第三章第一节、第二节的内容，逐步熟悉和了解狗。狗是主人的家庭成员，通过一段时间的相处，主人一定能对它的性格特点和行为特征有深刻的理解，而不用急于一时。

狗到家的第一天，主人需要关注的就只有这4件事，是不是感觉特别简单？千万不要操之过急，之后还有很多事情需要做。第一天，人和狗都轻松自在一点，开始新的"同居生活"就好了。而在这里还要提醒各位新手主人，不要对一只只有两个多月的狗苛求太多，它们真的什么都不懂，它们并不知道晚上不能叫，不知道便便需要拉在指定的厕所里，不知道椅子是不能啃咬的，不知道垃圾桶是不能翻的。新手主人必须意识到，让狗熟悉新环境和建立规则是一个循序渐进的过程，不可能一两天就解决。我们不纵容狗的错误行为，但是也不要因为狗的生理行为或者未充分建立好习惯导致的错误行为，而责备、惩罚它们。

本节小书签

1. 在狗到家前就要准备好物品，确定好规则。
2. 按照你的计划执行家中的规则和作息规律。
3. 狗到家的第一天，不要过分关注、过多互动。
4. 不要对狗要求太多、期望过高。

第二天
学会上厕所，不乱拉乱尿

因为我深知引导狗定点大小便的困难，以及绝大部分人会犯的错，所以本书在这方面极为详尽和细致以供大家参考。

狗随地大小便，是困扰非常多主人的一个问题。有的狗什么都不用教就会自己在厕所里或者尿垫上定点排便，但是大多数狗还是需要引导教育的，一些狗还会有让人恼火的排便行为。

"随地"意味着狗可能在任何地方大小便，如果只是在家里的地板上还好，用水冲冲，再拖一下地，就差不多了。但是如果在一些奇怪、隐蔽的地方排便，主人一时用肉眼看不到，需要用鼻子大力地细闻才能定位。情况更坏一点的，在一些渗透性较强的家具上排便，比如沙发、地毯、床垫等，那么即使清理过，可能还是会残留一股臭味。这种情况下，价值几千元的沙发，是扔呢，还是默默忍受呢？显然，这都是痛苦的选择。

◆ 了解狗关于排便的天性

如果你从狗出生时就开始观察，你会发现狗在刚出生的一两周内是无法自主排便的，狗妈妈会舔舐每一只幼犬的肛门和小便处，刺激幼犬排便并且进行清理。

而当狗慢慢长大，会自己走动和排便的时候，它们可能会在生活范围的周边随意排便，也可能会学习父母和其他兄弟姐妹，在它们排便过的位置排便。

在自然界里，狗是不会在自己的窝里排便的，外面的世界那么大，为什么要弄脏自己的家呢？每天幼犬的父母会出去寻找食物，回来后幼犬有了父母的照料和保护，就能离开自己的窝到空旷安全的地方玩耍打闹，并且排便。

◆ 狗变成人类宠物后被引导错误排便

了解了狗的天性后，我们即可引导狗排便。最简单的方式就是在狗进食后，带它到户外排便，顺应它们的天性，并让它们形成在户外排便的习惯。但是很多人会说"臣妾做不到"，因为宠物医生告诉他们，狗那么小，不要带到户外去，不然疫苗没打完，容易产生各种疾病。我们不能经常带狗外出，狗忍不住就只能在家里排便。

不管在家里让狗住笼子，还是住航空箱或者住围栏里，一个小空间对管理狗的行为习惯都是有好处的。但是有的主人不懂什么时候关、什么时候放，于是狗在里面憋得不行，就直接拉了。更有一些主人觉得狗在里面拉就拉吧，反正里面有便盆。其实这是非常糟糕的引导，狗最不喜欢在狭窄的空间里排便了，它们也不想拉完之后弄脏自己，但是憋不住就没办法了，只能直接拉。而如果我们一直用笼子困住狗，不让它出来排便，它就很容易形成踩便便、玩便便，甚至吃便便的糟糕习惯。

那么，完全不用笼子关住狗，把它放出来就可以了吗？这其实又会出现另一个问题——狗会彻底释放自己的天性，到处乱拉，主人随时随地都能碰到它的排泄物。

有的主人准备得很充分，买了一个窝、一个厕所，厕所还铺着尿垫，然后就一并放在狗的生活空间里，温柔地跟狗说："乖乖，这里就是你的床，这里就是你的厕所。"

别以为它懂"这叫床，这叫厕所"。在狗的世界里，所有人造物都不是自然的东西，它们都不可能直接认知这种物品。其实这很好理解，你跟一个6个月的小宝宝说这是厕所，然后他就能理解厕所是干什么的吗？不一直教，不一直带他去厕所排泄，他自己是不会懂得去厕所的。

但很多人就会在头上挂着一个大大的问号来问我："我跟它说过这是厕所呀，它怎么就不知道呢？"我实在是无言以对。

把狗放到乱拉的地方揍一顿其实无济于事

前面提到过，不规律地喂食会带来很多糟糕的问题。随时喂食、长时间摆放食物、喂食过多零食，都会让狗的排便变得不稳定，能随时吃就代表会随时拉，习惯就固定不下来。而它乱拉了，主人就容易着急清理，也会产生烦躁的情绪。

过分"节约"也会让狗乱拉。有的狗已经懂得在厕所或者尿垫上排便，但是有的主人觉得天天这么换尿垫也挺花钱的，看着尿垫上面才尿了两泡尿，还没有大便在上面，于是就想着等狗在上面拉完大便再换。结果狗不喜欢脏兮兮的厕所，就在厕所旁边的干净地面甚至在窝里拉了，狗本来好好的习惯就这样被破坏了。

还有一种超级常见的"传统教育方式"，即把狗抓到乱拉的地方揍一顿："让你还乱拉！""下次还敢不敢？"然后把它抓到它的厕所旁，把它的头摁下去再骂一顿："以后只准在这里拉！"说过的话我就不想再重复了：狗听不懂的！所以这种方式有效的概率奇低无比，更可能出现的情况是它以为"排便被抓到是要挨揍的"，所以下次就会拉到家里更加隐蔽的地方，让你搞卫生的难度再上一层台阶。

◆ **正确的引导**

在训练狗定点大小便之前，一定要先把狗厕所布置好。不管你的狗厕所是在围栏里，还是在自家的厕所、阳台，最重要的是不要离狗睡觉的窝太近。狗是爱干净的生物，它们不喜欢在窝旁边排便。另外，狗厕所附近的杂物都要清理走，不要成为干扰狗排便的东西。公犬看到东西很容易下意识抬腿进行标记，幼犬刚开始不会这样，但是长大后发生的概率就提高了。最合理的布局是让狗生活在一个足够大的围栏区里，围栏区内放置航空箱和厕所，而排便区则有一个门进行控制。

杂乱的生活区会引发狗做出排尿标记行为

能正确引导狗定点大小便的布局

核心的引导方式是了解狗的排便规律，及时引导它到厕所排便，然后给予奖励。幼犬的习惯是在刚睡醒并喝完水、吃完饭的10~20分钟后，会有强烈的排便欲望。我们利用狗不喜欢在狭窄空间内排便的天性，在给狗喂食后立即把它关到航空箱中休息20分钟左右，然后直接把狗从航空箱里带到排便区关起来，让狗在里面完成排便。把狗关在航空箱里，目的是让它在里面不排便和学习忍耐；把狗限制在排便区，是避免它在不能排便的区域发生排便行为。大部分情况下，狗会迅速在排便区域完成排便，此时你只需要把它放出来，给予一小颗狗粮作为奖励，然后再进行厕所的清理即可。

狗在狭小空间内会忍住不排便

用绳子引导狗到厕所排便

狗完成排便立即给予奖励

狗离开后再清理排便区

◆ 关起来不拉怎么办？

虽然大多数狗在饭后关了20分钟左右会上厕所，但有的狗被带到厕所后，很久都不拉。这时候有的主人会觉得它是不是没得拉，就把狗放出来了。只要你放它出来，它立即会在你宽阔的客厅里排便，绝无例外。

其实原理前面已经说过了——狗不喜欢在狭小的空间里排便，虽然用围栏给它隔出了一个排便区，但是这个区域只比航空箱大一点而已，本质上仍然是个狭小的空间，狗还没有在这个空间排过便，不知道可以在这里排便，它就会继续忍耐。当你把它放到宽阔的地方，它就会觉得终于可以释放了，直接蹲下就拉。

遇到这种情况的正确做法是，一直将狗关在排便区，直到狗排便为止，它的忍耐力有限，总会忍不住。这样狗就成功在正确的位置完成了一次排便。在得到你的奖励并被放出来之后，它就更能理解，原来进来这里就是要尽快拉，拉了就会有奖励。你也无须担心每次都要将它关上几个小时它才会拉，几次之后狗就能理解这种行为引导，会很快排便。

关闭期间狗可能会在厕所睡觉，无须处理

◆ 狗排便次数太多了

幼犬排便的次数是非常随机的，特别是尿尿，并不是吃3顿饭就只拉3次。很多人把狗放出来玩耍的时候，会发现狗玩着玩着毫无征兆地就蹲下拉了。首先你要学会观察狗的排便表现，到处闻、转圈或者压低屁股，这些都可能是狗要排便的预兆。和狗相处一段时间之后，你就能快速发现这些表现，此时如果狗还没有拉出来，你可以马上推一下狗，让它停下排便行为，然后引导它进入厕所区排便。狗在排便被打断并被引导到厕所后，它的便意可能会消失，没关系，将它关在里面等待它拉完再放出即可，它总会拉的。

而正确的"放出"和"关闭"规律应该是这样的：狗排便后将它放出来玩耍，玩耍30~45分钟让它回围栏区喝水，然后将它关到航空箱里休息，休息一两个小后再次引导它到厕所区排便，接着可以第二次将它放出玩耍，如此循环。让狗"清空内存"再出来玩耍，它就不容易在外面乱拉；让狗补充水分再休息，它就能学习忍耐；让狗尿急就上厕所，它就能形成在厕所区排便的好习惯。

进行时间管理，能避免狗在客厅乱尿

◆ 中止排便的时机和打骂的结果

前面提到，如果狗正在不该排便的地方准备排便，但还未拉出来，你可以过去中止它的排便行为。但如果狗已经开始，即使是拉在很不该拉的地方，仍然建议让它拉完。狗在排便期间很多时候会到处张望，因为这是它们感觉最危险的时刻，担心随时会被靠近的猛兽袭击。如果它正拉到一半，你去吓唬打骂它，它就"噩梦成真"了，以后排便的时候就会对你特别提防，甚至不再在你面前排便，这样就对训练定点大小便制造了困难。有一些人把狗放出来玩耍后就不再理它了，狗可能会随便找个地方排便，一两个小时后你闻到气味才发现。这时候请不要生气地抓它过来打骂，狗对行为的理解是针对当下的，一两个小时前拉的尿，即使你把它的头摁过去贴着，它也不明白自己是因为之前尿尿被骂，它们的智商还不足以进行这样的联想。所以，事后的打骂除了能让你发泄情绪之外，没有任何的作用。

及时制止狗准备排便的行动

◆ 进入厕所要引导，不要抱进去

无论是把狗放进航空箱，还是把它带进排便区，我们都应该从通过绳子进行引导，逐步过渡到通过指令、示意的方式引导，而不是直接把狗抱进去。只有让它自己行走进入，才能让它觉得是自己想进入这个区域，而不是被关进去的。把它抱进去会让它因为老被关在这个区域而焦虑不安，这也是有的狗被抱进去能排便，但是把厕所门打开，它就是不会自己进去的原因。

用绳子引导狗进入厕所区

◆ **主人不在家怎么办？**

　　白天的大多数时候我们会离家上班、上学，让狗独自在家，这时候它能自己到厕所去排便吗？前面做了那么清晰的布局，进行了足够多次的日常管理和引导，目的就是让它明白排便区是可以排便的地方，而其他区域不是。因此当你要离家的时候，把狗关在围栏区内，把航空箱和厕所门都打开就可以了。狗会逐步适应在航空箱里休息、在活动区玩耍发呆、在排便区排便，当它还不能做到的时候，回家清理好，继续多做引导，它终究能做到的。

◆ **不要相信一些错误的工具和做法**

　　很多人会问，那些定点排便诱导剂是不是有用。我只能说你可以试试看，但是我的亲身经历和得到的大量反馈就是——没用。有的狗喷一次就有用，其实是因为这种狗，你喷不喷都不会太难教。另外，我非常排斥部分驯犬师在网上传播的"棉签戳肛门"的方法，简单来说就是当主人想让狗排便的时候，把它放到厕所里，用棉签戳狗的肛门，刺激它排便。不得不说这种刺激确实能让很多狗立即条件反射式地拉出来，但这一点都不自然啊！你能确保棉签干净，不会让狗感染吗？你能确保手法准确，不会弄伤它吗？就算都能确定，这么排便对狗而言是舒服的、愉快的感受吗？难道你想每次狗排便时都去戳一下它的肛门？别图一时方便做伤害狗的事。

◆ **引导狗到户外排便**

　　顺应狗的天性，让狗在户外排便，是我们最终应该让狗养成的习惯（排便后要捡屎哦）。有的狗前几次外出都不懂得在户外排便，这很正常。多带狗外出，并且尽量在它进食休息后，把它带到户外进行长时间的行走，它最终就会在户外排便了。有过一两次的尝试之后，它们就"发现新世界"了，会越来越喜欢在户外排便。大部分狗如果每天能规律地外出3次，基本可以做到在家中不排便。而对于喜欢标记的公犬，在户外标记的欲望得到满足后，在家中也会减少标记性的排尿。

多带狗到户外排便

◆ 耐心，再耐心一点

我能理解狗乱拉会给主人带来很大的困扰。我经常收到一些没耐心的主人的提问，说："我都训练它两天了，它拉过了，我也奖励了，为什么它还是学不会呢？"

要知道，人养成一些习惯最短都需要数周，更何况一只什么都不懂的狗呢？

不要因为一两次的失败，就觉得这件事情是不能完成的，在失败中找到不足之处，不断修正，下一次一定会做得更好。你也可以用记事本每天记录狗成功定点排便的次数，找到时间规律，记下狗乱拉的时间和原因，这能帮助你复盘和建立信心。而当狗再次乱拉的时候，重新翻开本节内容自查，看看是哪一部分没有做对，下次再遇到的时候你就能应付自如了。

这个过程可能漫长而反复，但即使如此，你所花费的时间也只是饲养它的一生中极短暂的时光，利用这个很容易塑造行为的幼犬期去帮狗养成定点大小便的习惯，换来一辈子都不乱拉的狗，是非常值得的事，千万别轻易放弃。

本节小书签

1. 了解和接受狗排便行为的特质。

2. 合理的布局会让你事半功倍。

3. 核心问题不难解决，但细节非常多，要细心处理每种状况。

4. 你需要有充分的耐心去帮狗养成定点排便的好习惯。

第三天
正确给狗喂食，避免护食

从小我们就被教育，吃饭要有规矩、吃有吃相，对狗而言，吃饭也一样需要有规矩。

◆ 狗对食物的欲望无比强烈

当你第一次把食物放到狗面前，你会看到它那副想把饭盆都吃掉的姿态——激动地扑向饭盆，风卷残云般把所有狗粮吞到肚子里。激动的狗会让饭盆不断被推动，吃光最后一颗狗粮之后仍意犹未尽，狂舔饭盆的每个角落，直到舔不到任何残留的狗粮碎屑和味道，然后保持着兴奋劲儿看看你还有没有东西给它吃。

对于动物而言，不去寻找食物就不可能有食物，食物和水是它们生存最为重要的资源，它们的基因里刻印着一种记忆——找到食物，赶紧吃掉，你才能活下去。因此绝大多数人对自己狗的印象是太馋了，好像永远吃不饱，什么都往肚子里吞。

狗激动舔盆

狗非常渴望食物

有的狗除了食物之外，嘴巴碰到什么小块的东西都会咬一下、吞一吞，最常见的有树叶和纸巾，这些我们看着不能吃的东西，它们却嚼得津津有味。还有一些狗喜欢啃木头和石头，至于是否吞进肚子那就得看它们当时的心情了。给一些狗一个毛茸茸的玩具，它们也会撕咬出里面的棉花，当成棉花糖吃。

狗会捡食树叶、石头或者棉花、纸巾

我们在前面已经列举过各种主人容易犯的错误喂食行为，关于定时定量、喂食次数等细节请查看前面的内容，本节不再赘述。在了解了狗的进食特性之后，在为大家讲解如何正确给狗喂食之前，我们为大家讲解一下常见的错误喂食"姿势"。

◆ 错误的喂食"姿势"

狗是如此渴望食物，因此在听到你翻狗粮袋子的声音时，它就会马上激动起来。这时候很多主人的反应是"好啦好啦，不要着急，正在给你弄呢。"狗听到后更兴奋了，被关在围栏或者笼子里的狗会躁狂地吠叫扑跳，希望赶紧冲出来吃上狗粮。而散养的狗则会直接冲到主人身边，不断向主人的脚上扑跳。这时候，很多主人会一边躲避，一边喊着："不要扑不要扑。"然后赶紧把装好狗粮的饭盆往地上一放，狗就直接一头塞进饭盆里扫荡起来，不足20秒就吃完了一顿饭。

也许你觉得这样的场景没什么大问题，不就是狗饿了想快点吃吗，看它吃得这么欢快自己也挺开心的。

但这样的喂食存在几个隐患：狗想吃东西，就会通过吠叫、扑跳向主人提要求，直到得到为止；幼犬的体形和力量会越来越大，初期主人不会觉得抓笼、扑人对自己有影响，但3个月后可能就会受不了；狗认为食物是自己的东西，你只是一个喊几声就会倒狗粮的服务员而已，以后它看到食物就会直接去抢。而这种主人迁就狗的习惯形成后，主人也会不自觉地总是用食物去满足狗的

狗扑跳准备食物的主人，此时不能给予食物

需求，不知不觉帮狗养成了挑食、爱提要求的坏习惯。

◆ 正确的喂食方式

在准备狗粮的时候，首先不要主动跟狗说很多使它激动的话，例如"是不是饿啦？""乖一点啊，准备开饭啦！"当我们在准备狗粮的时候，主动引导狗激动起来，那么它一定会如你所愿变得非常激动。

如果你并不想这么做，在狗激动时，则应该停止手上的准备工作，管理狗的行为。如果狗在围栏里，你可以过去拍一下围栏，让它把扒上去的前爪放到地上，再去准备狗粮。如果你一走它就再次扑跳吠叫，则需要不厌其烦地回去制止它，先放弃准备狗粮的想法，处理好它的过度激动行为。如果狗是散养的状态，在你身边不停扑跳吠叫，你需要立即转身对它进行驱赶，让它把扒在你腿上的前爪放回地上，并且后退不再干扰你的行为，你才能继续准备狗粮。

在狗粮准备好之后，不要弯腰直接把饭盆放地上。要让狗稳定平静地正确进食，需要花费的时间还真不短，因此使用下蹲的姿势更为合适。蹲下后把饭盆放到双腿前靠近自己的位置，并且用手掌盖住饭盆。当你放下饭盆的时候，着急的狗一定会冲过来想吃饭盆里的狗粮，这时候无须大叫让它走开，也不用拿走饭盆，只需要稳稳地用手盖住，让它吃不着就可以了。当狗发现美味就在眼前但怎么也吃不上，它会变得异常着急，使劲用鼻子嗅闻你的手指缝隙，用舌头去舔，甚至用爪子扒你的手指，希望能弄走你的手吃上狗粮。

让狗平静地等待主人准备食物

放下并遮盖饭盆

这时候你不用急躁，也不用推开它，忍耐一下它的舌头或者前爪不断的试探行为，等待即可。当狗发现无论怎么办都得不到食物的时候，它就会放弃，准备离开。而只要狗准备离开，你就可以把饭盆推过去给它吃了。

通过这样一个喂食的过程，狗会明白食物在主人的掌控下，无论有多想吃，用尽办法都是得不到的，而只要自己放弃、后退、放松，就能马上得到食物。我们根本不需要和狗说："乖乖的，坐下来，平静了才能吃。"我们需要做的仅仅是保护好食物，不躲避、不退让，然后让狗自行冷静下来而已。

狗舔手和饭盆时，手不要躲开

狗退开，等待主人指示

只要你每次喂食都这样操作，你会发现狗着急的情绪消失得一次比一次快，直至彻底放弃抢食物，并且能自觉等待，根据你的指示进食。

很多主人会在这个时候教狗"坐下"的指令，只要狗一坐下，就让狗开始进食，这也是很多传统驯犬师会教导的做法，但是我并不认同这种训练方式。利用食物让狗学会坐下是轻而易举的事情。这样训练狗，狗自然会为了尽快得到食物而赶紧坐下来。此时你只要细心观察，就能发现它虽然坐下来了，但是整个身体都在不停地轻微颤抖，其实它在努力控制自己保持坐姿，内心却是激动、兴奋、焦灼、不安的，因为它知道只要坐下马上就可以吃到东西。

把饭盆推向平静等待的幼犬

换一个角度去理解狗此刻的情绪——我们人类可以坐着假装镇定，但心里十分害怕；也可以在清晨奔跑的状态下保持内心的宁静。狗坐下并不代表它在平静地等待食物，你的指令反而会让它更加激动紧张，内心不断翻腾，等待着你发出"吃"的指令。

狗既然可以坐着激动，也可以站着平静，因此"是否坐下来"不应该给予食物的标准，而狗的情绪平静放松，才是我们给予食物的标准。（狗平静放松的姿态，我们在第三章第二节已经有了详细的介绍）。

◆ 狗进食时不要过分干扰

狗在进食的时候，非常多的主人会忍不住去抚摸狗，甚至做出各种奇怪而过分的行为。通过询问，我总结出主人通常是几种心态：其一是觉得这时候的狗很可爱，在关注狗进食的时候就顺便抚摸狗；其二是觉得自己的狗只有进食的时候才稍微"稳定"一些，平时摸它都会乱咬自己的手脚，这时候它只顾着吃，是摸它的最好时机；其三是觉得我正在给你好吃的东西呢，你就应该"让我随便抚摸"作为回报。所以有的主人不只会摸摸头、摸摸身体，还会去搓搓狗的肚皮，撩起狗的尾巴，甚至顺势对狗做身体各处的检查。

狗进食时，主人乱摸是错误行为

事实上，这种过分的接触对狗而言是极其不适的干扰。我们在前面已经阐述过关于狗对食物、群体等级方面的内容。当你的狗在进食的时候，你的抚摸在你看来是一种爱与关怀，但在狗来看就是干扰甚至是冒犯。换位思考一下，如果你正在一家餐厅吃着牛排，服务员过来二话不说拿着梳子给你梳头，再掏出一个蒸汽熨斗来帮你熨平皱了的裤子，你是不是很烦躁呢？在狗进食期间过分地干扰，正是激发狗护食天性的高风险行为。当狗被这些干扰搞得不耐烦的时候，它就会用低鸣进行警告，如果发现警告无效，它就会用自己的利齿去"招呼"你了。

但我们也并不需要彻底离开狗让它自行进食，这也可能让狗不能接受任何一丁点儿的外界干扰，同样容易引发它潜藏在基因里的护食天性。最正确的做法是适度接触。

当狗平静进食的时候，我们的手可以靠近饭盆、接触饭盆里的食物，只要狗持续正常进食，我们就可以停止接近，然后离开。

我们也可以在狗进食时离开它一段距离，然后非常自然地重新靠近并在它旁边停留。

我们还可以在靠近后，用手接触它的头颈一侧，轻轻抚摸两三下，它只要能继续进食，我们就停止抚摸然后离开，或者继续在旁边观察等待。

这些适度的接触能让狗理解3件事情：我们接触它的饭盆和食物，不会抢走它的东西，不用着急；我们离开之后会靠近，也不会做过多的干扰和侵犯，它可以继续进食；我们用手接触它的时候对它并无恶意，也无抢夺食物的想法，只要它保持平静，我们的手就会离开。

而做这一切，都是为了让狗从小就适应在有人靠近、接触的状态下，仍然能平静进食，避免家里的小朋友或者客人，在狗进食期间无意靠近或者接触到狗，引发狗的护食行为从而受到伤害。当狗在进食时对所有人的靠近都能适应和放松，这只狗也就不会做出护食行为了。

狗进食时，手可以靠近饭盆

狗进食时，人离开后靠近

狗进食时适度接触

◆ 如何喂零食?

给狗喂零食也是有技巧的,正确地喂零食,能让狗更容易进入平静放松的状态。许多狗主人喜欢用零食让狗做"坐下"和"握手"的动作,这两个动作其实并不难学,但是正如前面提到的,狗听到指令后,它会条件反射地觉得马上可以得到零食,会更加紧张激动。

正确的喂零食方式,是把小颗粒的零食包裹在手心,平稳地将手抬高到狗嘴巴的高度。狗此时会嗅到食物的味道,非常着急地想吃。你不要把手打开,就这样不动,不管狗是用嘴巴舔、用牙齿轻咬(请放心,它一定不用力咬你的手)、用前爪扒你的手(被指甲弄到会有点痛,稍微忍耐一下),还是对着你吠叫,你都要保持不动,也不要和它说半句话,不给任何指令,直到它自行退开,你就可以把手掌打开,直接把手递到它嘴巴旁让它吃。

手持零食,握拳放到狗的嘴巴的高度

狗用爪子扒时手不要动

狗退开等待

打开手掌把零食给狗吃

再进一步的操作，是当它离开的时候你打开手掌，但仍然不给它进食的指示，狗会再凑过来，你再次合起手掌，狗再次离开，你再次打开手掌。这样反复操作，狗就会放弃凑过来的行为，耐心地在原地等待，并且最终关注你的行动，而不是眼睛一直盯着零食了。

反复开关手掌

狗不再靠近

给予零食作为奖励

通过多次练习，狗会弄明白一件事——零食在主人手里，我怎么想办法都得不到，只要我离开、放松，给主人空间、关注主人，我就能马上得到零食了。

这就是狗的心理学和传统狗训练技能的巨大差别，无须任何指令，用狗能理解的行动让它配合做出我们所期望的行为。今后你再掏出零食，它会自然地表达放松，后退或者坐下，等待指示。狗会变得非常地平静放松，不再是没有自控力的食物机器。

◆ **人吃饭的时候别让狗干扰**

狗吃饭的时候我们不应过多干扰，那么同样，我们在吃饭的时候，狗也不能来干扰我们。狗闻到我们的饭菜的香味，会凑到我们的饭桌下、椅子旁，有的主人就忍不住了，看到它可怜巴巴的样子，会不停地跟狗说话："是不是很想吃啊？这些你不能吃呀。哎呀，好啦好啦，给你一小块肉，不能更多啦！"

狗才不管你在说什么，只要你跟它说话，就是在回应它的期待，而你在"巴拉巴拉"一通之后真的给它东西吃了，它就会一直等待你再次给它食物。如果你不给，有的狗就会趴到你的腿上求食，或者往你的大腿上跳，甚至对着你吠叫。只要你顺应了狗的要求给它食物，它就会持续做这件事，并且不断升级它的要求。如果你开了个坏头，就没有好果子吃了。

即使我们不给狗东西吃，只要它待在我们的桌椅附近，风险也是一直存在的。一些大型犬长大之后，直接伸一下脖子就能把嘴巴放到桌子上咬到你吃剩的骨头。有时不小心从桌上掉下来的食物残渣，也成了它的珍贵食物，它会立即吃进嘴里然后赶紧吞下去。如果此时掉下去的是一根鱼骨，你是不是会着急地大喊一声然后伸手去抢？如果你进入这种抢夺食物的状态，那么后果就是激发狗的护食行为。

狗在饭桌下等待喂食，此时不能回应狗

狗抢食掉落的东西，此时争抢容易引发狗的护食行为

因此在我们吃饭的时候，应该明确地让狗知道它不能靠近我们的餐桌。使用绳子把它拉回它的休息区，或者拉离我们的餐桌区域也可以，只要它不在附近，从餐桌上掉下什么我们都可以从容地捡起来，而不会激发狗的任何行为问题。其实这样的规矩只需要几顿饭，狗就能学会遵守。

主人用餐时让狗离开餐桌区域

是不是一定要主人吃完饭才能给狗喂食呢？其实这个顺序并没有太大的意义，关键还是给狗喂食的时候，通过训练让它知道食物是由主人控制、由主人给予的，不是它自己争抢得来的，而在主人进食的时候它是无权靠近和干扰的。至于谁先谁后，一点都不重要。

◆ 不用食物逗弄狗，不因食物打狗，不吃就算了

用食物逗弄狗、因食物打狗、哄吃这3种行为太常见了。当你用自己吃的食物，或者给狗吃的零食逗弄狗的时候，你认为很有趣，但狗会不清楚你究竟是给它吃还是不给它吃。它无法理解你的行为，它

的行为就会混乱，可能会突然跳起抢食，可能会趴下吠叫，可能不小心就会扑到你的腿上或者刮伤你。而一旦这种情况发生，人类又会觉得"你怎么这么不乖"，然后一边拿着食物，一边对它打骂责备。这些混乱的操作和大幅度波动的情绪让狗无所适从，狗发生护食行为的概率就会增加。所以我再次提醒各位主人，不要觉得捉弄狗很好玩，满足了自己的

不要拿着食物举手打狗、吓狗

恶趣味可能带来坏结果。想给狗食物就给，不想给就不给，坚定清晰地给予狗关于食物的指示，这样就不会发生任何需要你打骂责备的状况了。

另外一个非常常见的行为就是"哄吃"，这和很多主人养孩子的习惯是一样的。当狗面对狗粮不愿意吃的时候，主人会蹲在旁边，不断用手去指饭盆，不停跟狗说："吃啊，吃吧，好吃的，不吃会饿肚子的。"首先狗不吃狗粮，一定是出问题了，如运动量不够没有食欲、平时给太多零食或者给狗吃了太好的食物、狗粮放得太多等，不是你这么指着说几句话它就会乖乖吃完的。如果狗不肯吃狗粮，那就寻找原因，从根源上解决。当狗不吃的时候，不要哄，时间一到直接拿走，这一顿就没有了，狗才能学会珍惜进食的机会，不会变得越来越挑食、厌食。

正确喂食除了能喂饱狗，还能让狗养成良好的行为习惯。这样狗在幼犬期就学会顺从，在面对最渴望的食物时也能做到平静不急躁，更不会出现抢食、护食、捡食的行为。长期规范喂食，狗也不会挑食，稳定的营养吸收对狗的成长和身体健康有着极大的好处，而这一切只需要从一开始就给狗养成正确的进食习惯。

本节小书签

1. 要了解狗对食物的欲望和行为方式。

2. 正确的喂食时机是狗平静放松后。

3. 人、狗进食时都应该做到互不干扰。

4. 好习惯能带来好胃口和健康的身体。

第四天
让狗学会安静地待在笼子里

笼子不是狗的监狱，不是用来惩罚狗的工具，笼子应该是令狗感到舒适、有安全感的安乐窝。

◆ 重新认识笼子

关于笼子，我收到最多的反馈就是狗不愿意进去，总要用食物骗狗进去。狗进去了就狂叫，出来就不叫了，而且只要放出笼子，狗就"发疯"了。

想解决这三连击，我们要先重新认识笼子和狗的关系。不管使用的是笼子还是前面建议使用的航空箱（本书用笼子来进行统一介绍，但基本原理和操作方法是一致的），我们都能从这个工具本身感受到"关闭"的属性。工具本身的属性会带给我们行为暗示，因此很多人下意识地认为笼子就是用来关闭狗的。这种理解是不完整的，笼子当然具备这个

笼子不是用来长时间关闭狗的监狱

功能，而我们作为有智慧的人类和爱狗的主人，不能就这么被笼子的属性牵着鼻子走。

狗其实可以很喜欢笼子，因为笼子太像它们的祖先挖的洞穴了，它可以是一个足够容身的、不受打扰的、温暖安全的窝。在这样一个空间里，狗会感受到充足的安全感。但是笼养狗不等于长时间将狗关在笼子里。长期把狗关在笼子里，狗没有充足的运动，没有外出的自由，那是囚禁。狗被关闭的时间太长了，当然会不喜欢笼子。我们每个人都有自己的房间，在房间里我们可以睡觉，可以躺床上安静地看书，心情不好也能一个人独自待着。为什么我们喜欢躺在自己的床上？因为床舒服，也因为我们可以在房间随意进出，在这个房间里我们也有充足的安全感。

同理，我们需要将狗的笼子打造成它的安乐窝。在第二章第一节，我们建议直接给狗准备一个航空箱而不是笼子，因为航空箱有4~5面基本是封闭的，只有一个门可以进出，在里面给狗铺上垫子或者旧衣

服，就是一个舒适安全的窝。也有很多人把狗带回家时使用的就是笼子，我们也可以对笼子进行一定程度的改造。

给笼子加上垫子并罩上布，让狗更舒适、更有安全感

　　首先不要考虑让狗在笼子里排便。笼子底部的那些铁条虽然便于排泄物直接掉下去，但是狗的脚踩踏上去很不舒服。放弃笼子的这个功能，直接在里面铺上足够厚的垫子或者旧衣服，狗踩踏感觉舒适，才会更喜欢待在里面。

　　其次我们可以用不透光的布把除了门之外的位置全部遮起来。这样狗进去后就会有充足的安全感，不会感觉四面八方都被盯着，危机四伏。较暗的光线也能让狗更快进入休息状态。经过一番改造，一个冷冰冰的笼子也能变成非常温馨的小窝。

◆　笼子是对狗的有效保护

　　狗刚到家时被关在笼子里吠叫，主人觉得它不喜欢笼子，就没再关过它。实际上，狗刚到陌生的家庭，被直接丢进笼子，吓得嗷嗷叫是不可避免的。但如果因此就彻底不进行笼养，等到狗长大了因为生病、出游等需要进笼子时，对于此前根本没接触和适应过笼子，也没有在里面长时间待过的狗来说，压力之大可想而知。

　　笼内训练对狗而言，其实是在保护它们。刚到家的狗，在打完疫苗前不能随意带出去。要是主人突然有事无法看着它，在散养的情况下，相当于把它丢在了一个危险的地方。家里处处都是危险：家具、电线、垃圾箱、巧克力、板蓝根……如果是个一岁的小孩，你会把他独自留在家里吗？另外，与长时间躺在冰凉的地板上比起来，狗在笼子里睡觉反而更少生病。这就是为什么现在越来越多的宠物医生、驯犬师都提倡笼养。

狗就是个好奇宝宝，它精力旺盛，主人一刻不看着，它就能把家翻过来，而且在探索的过程中可能会遇到各种危险。笼内训练是主人保护狗的方式之一，当你没办法时时刻刻盯着它时，可以给它一个安全的地方——笼子。而且让狗待在笼内，还能防止它们到处排便。希望主人记住，笼子并不是狗的监狱，用得好的话，笼子会是狗觉得家里最安全的地方，也能让你安心。

如果家中较为杂乱，笼子是很好的安全管理空间

◆ 从幼犬期开始进行笼内训练

进行笼内训练之前，我们应该设定好狗关笼子的规则。建议晚上睡觉到第二天起床都可以将狗关在笼内休息，而在每次放它出来运动、玩耍一小时过后，也让它重回笼内休息。此时如果主人有空管理，笼子门可以打开，主人没空管理则可以直接关上笼子门。当主人在做饭、吃饭，家中小朋友放学回家打闹玩耍时，也建议把狗关在笼子内。有了这样的一个基本规则之后，我们就可以正式开始对狗进行笼内训练了。

1. 正确进笼

不知道你第一次是怎样让狗进笼子的呢？大多数主人都是直接把狗抱进去的，幼犬的体形那么小，抱进去是最方便、最好操作的，但这正是导致狗不喜欢进笼子的行为之一。我们操作是方便了，但是对狗来说，这通常是非常糟糕的体验——我正玩得高兴，突然整个身体被控制住了，被直接丢进一个笼子里，然后就被关起来了。如果我们这么被外星人抓住关起来，也会抓狂吧？

把狗抱进笼子是错误的操作

正确让狗进笼子的方式绝对不是把它抱进去，而是引导它自己走进去。如果你只是简单地伸伸手指，发出"进去"的声音指令，它就能好奇地进入探索，那是最棒的引导方式。但大部分狗并不能在第一次就做到，这时候我们就应该使用绳子引导它进去。把绳子收短，直接用手把绳子和狗的头部引导到笼子里面，有的狗在此时会顺利地跟随进入。只要狗完全进入笼子，立即放松绳子即可，就算它马上出来也没

有问题，我们可以进行多次引导进入，次数越多，狗越容易明白绳子的引导是让它马上进笼子。

但也有一些狗会在笼子门前停下来，死活不愿意进去。这时候你绝对不能放掉绳子让它走开，否则它就达成了不进去的目的，认为只要不愿意就可以不进去，这可不是我们希望狗理解的规则。你需要持续地拉紧绳子，让狗在笼子门的位置保持头部前倾的状态，不要过分用力地直接把狗拖进去，这会让它更加讨厌进笼子。在拉紧绳子之后，狗可能会挣扎想离开，只要你继续拉紧绳子不动，它的挣扎一定会停下来。当它明白挣扎无用时，它就会主动迈步走进去，以缓解脖子前倾的不适感。同样，只要狗主动迈步进入笼子，你需要立即放松绳子，狗会明白原来抗拒、挣扎都是没用的，只有迈步进去了，所有的压力才会消失。

应该用绳子引导狗进入笼子　　　　　　　　　　狗可能会在笼子前抗拒进入

对于这种状态的狗，只要你一放松绳子，它马上就会从笼子里逃出来，但没有关系，你只需要拿着绳子不让它彻底离开，等它在笼子外放松后，马上再进行一次进笼训练。你会发现这个过程越来越快、越来越顺利，前两次它可能还会有点抗拒，但通常只需要练习五六次，狗就很清楚只有听从主人的指示，才能得到最放松、舒适的体验。通常进行不超过10次进笼训练，你的狗就可以在你的指示下轻松进入笼子了。

关于拉紧绳子让狗僵持后进入的操作，还有两个关键点。其一是此时绳结、扣子的位置需要在狗的脖子下方，这样你向前拉紧的时候，项圈和狗的喉咙会有一定的距离，狗不会因为挣扎而被勒到无法呼吸，力量会全部作用在颈部的肌肉上。如果我们把绳结、扣子放在狗的脖子上方，拉紧绳子的时候就会直接勒住狗的喉咙，会引起狗的咳嗽反应。其二是做这个操作时你一定要坚定平静，不要觉得狗不喜欢就心软放弃，也不要觉得它挣扎难受就不坚持下去，仅仅需要几次抗衡，狗就能明白你的坚定和具体的要求，并且变得无比顺从。

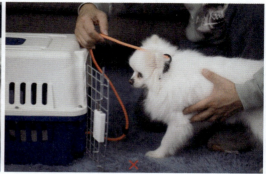

拉紧绳子引导狗进笼，绳结和扣子应在狗的脖子下方，在上方是错误的

当狗每次都能在绳子的牵引或我们的指令下进入笼子，我们就可以马上给予狗奖励，口头表扬或者零食都可以。还记得前面（第三章第四节）说过的奖励时机吗？完成我们的要求后给予的才是奖励，因此切勿用零食引诱狗进笼，要把奖励行为做对。

2. 笼内休息

当狗一次次进入笼子后，它慢慢会发现好像待在这里面不马上出去也没什么问题，还会因为没有走出去就有东西吃，且脚下的垫子还挺舒服的，慢慢就会愿意进入笼子后停留一阵而不离开。可以利用这个时机再次给予狗奖励，让它知道你喜欢它就这样待在笼子里面。此时你不要急着离开，更不要急着把门关上，找个小凳子坐在狗的笼子门旁边做事就好。狗发现你很平静地在旁边，它也会觉得安心，从而放松下来休息。特别提醒各位主人，不要在这个时候忍不住和狗说话或者伸手去摸它，我们需要它习惯在笼子里安静休息而不被打扰。如果我们不停地跟它说话、互动，那么它的理解就是"主人并不希望我平静，他想让我在笼子里玩耍"。认真地做你自己的事，忽略狗的眼神，如果它在你没留意的时候走出了笼子，重新引导它进去就好。

通过反复的引导操作以及平静的共处，狗最终能明白笼子的作用——一个舒服、平静的空间，我和主人互不干扰，我可以在里面好好休息。

当狗在笼子里休息甚至睡着的时候，你就可以关上笼子门然后离开了。你并不需要在它睡着的时候偷偷关上门，关门的时机应该是狗平静放松的时候，这时候你关门和离开对它而言都是更

狗在笼子里平静地休息，门打开也不会出来

容易接受的事，在平静状态下接受一件事情总比在紧张、激动的时候更容易一些。你关门离开的时候不要和狗打招呼，多说那么一句"自己乖乖在这儿待着哦！"就会把狗从平静放松的状态瞬间引导成激动、焦虑的状态，记得要忍住。

3. 正确出笼

当狗在笼子里休息了足够长的时间后，你希望放它出来排便（请详细参阅看第四章第二节）或者玩耍的时候，记得出笼也是有规矩的，应遵守同样的标准——狗平静放松后才能出笼子。

最糟糕的做法是兴奋地走向笼子，蹲下来跟狗说："是不是很想出来玩啊？"然后哗啦一声打开门。只要你这么做，狗必然会激动不已地冲出笼子，然后往你身上扑跳或者在家中狂奔，还随时会因为过分激动难以自控地尿出来。

但你会发现，只要你走向笼子，狗必然会激动起来，可能会抓笼子、大叫乱跳、期望你把它放出来，只要不放它好像永远停不下来。记得这句话

狗激动地想出笼子时不要直接放出

当中的"好像"，我们都是以狗的初始状态去直接判断它可能出现的结果，但是没有花充足的时间和耐性去等待。对狗而言，其实是"只要不放出来，它最终就会停下来"，因为狗的精力是有限的，而更重要的是狗并不笨，它不会持续不断地做无用功。

当我们要放狗出笼子的时候，平静地走向笼子，不要和狗对话，用手解开笼子的安全扣，手抓紧笼子的门把之后将门稍微打开一点点缝隙。这时狗会迫不及待地想从缝隙中冲出来，你只需要镇定地把门推回原位就可以了，此时并不需要重新扣上门。狗对你的这个举动会感到非常莫名其妙："不是放我出去吗？怎么又关起来了？"忽略它的一切行为，继续做这个操作，随机地快速开关门——只要狗退后就把门打开，狗想出来就把门关上。

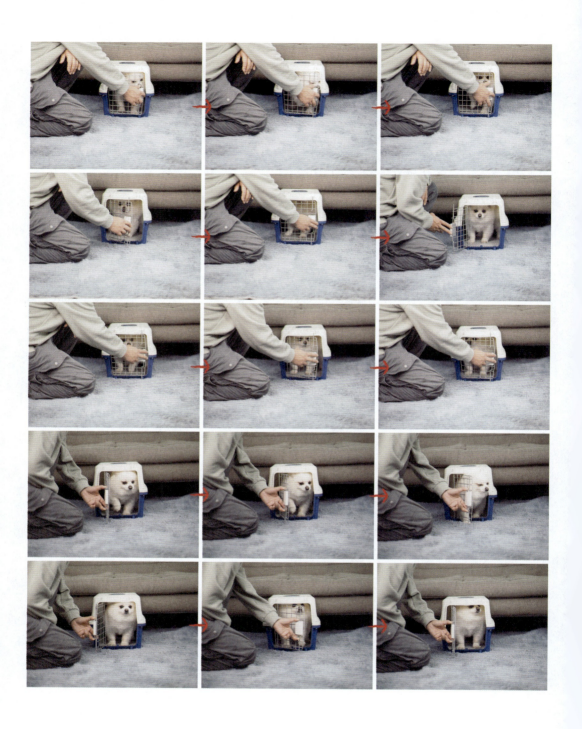

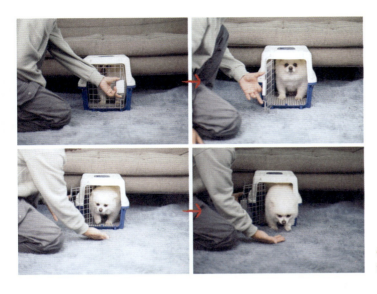

快速开关门，直到门打开狗都能平
静等待才将它放出

　　狗慢慢就明白好像自己怎么冲都冲不出去，门总会在自己即将冲出去的一刻重新关上，那么就试试不冲吧。当狗放弃往外冲，情绪变得平静之后，再等待一个关键的行为发生，你就可以把它放出来了，这个行为就是当狗不再盯着门把，而是和你对视了一下。只需要对视那么一眼，你就可以把狗放出来了，因为此时的它终于明白，看着门把是完全没有用的举动，而只有关注主人才能出笼。

狗平静放松地在笼子里关注主人

　　在引导狗平静和出笼的过程中，你并没有和狗进行过多的交流，也没有和它不断地说话或者发出指令，完全是用你的行动和门的开关让狗明白自己应该平静放松和关注主人。当狗在这种状态下走出笼子时，它的情绪会变得更为平静，那种出笼就"发疯"的状态就会消失。

◆ 对狗在笼子里焦虑问题的处理

笼子虽然好用，但切勿把狗关在笼子里过长的时间。不少主人上班要很长时间，这段时间如果你一直把狗关在笼子里，狗出问题的概率会急速升高。首先排便就是一个大问题，不管你的狗会不会忍耐，在笼子里排便都不是一个好习惯，长时间不踩踏到笼子里的排泄物也是高难度的事情。而更多的狗会因为长时间的关闭而异常焦虑，低鸣、吠叫、抓门、咬笼子、自残都是常见的事。如果你经常长时间把狗关在笼子里，会很容易使狗每次进入笼子就焦虑不安，直接开始吠叫，希望你把它放出来。

狗在笼子内焦虑吠叫甚至咬笼子

每次把狗关在笼子里尽量不超过6个小时，是比较好的安排。如果你的狗一开始就对关进笼子这件事感到非常焦虑，那么请不要在它焦虑吠叫或者抓门的时候把它放出来。你应该在它的焦虑程度较轻时，立即过去拍一下笼子提醒它停下来，然后离开。注意此时不要离开得太远，只需要转身离开一两米。如果狗能保持安静，你可以走到笼子边停一下，但不要和它对视或者说话，稍后再次离开一两米。这种不断在笼子附近"游走"的状态，能让狗适应你的短暂离开，而如果这个过程中它不能平静，你就走回笼子边再次制止即可。通过不断加长离开笼子的距离和时间，狗能逐渐适应你的离开，并且明白每次它稍微有焦虑的表现就会被你制止。不要操之过急，也不要对狗太心软，坚持这样的耐心操作，狗终究能接受你更长时间的离开且不焦虑。当你回来看到它平静地在笼子里待着时，记得给它一点小奖励哦。

主人在笼子旁"游走"

◆ 借助笼子进行正确的日常管理

当你的狗逐渐适应了正确进出笼子和在笼子里平静地休息，你就可以利用笼子对狗进行时间和空间的管理了。当你和家人要用餐的时候，当有害怕狗的客人到来的时候，当你不希望被狗打扰的时候，甚至是你希望对它进行服从训练的时候，都可以让狗进入笼子休息，并且保持笼子的门是打开的状态。只要持续进行这样的空间管理，你的狗对你的服从度会越来越高，而且它也会很容易进入平静放松的状态。

当狗习惯在笼子里平静地休息，我们就可以做自己的事情了

但有一些行为是不能借助笼子来进行管理的，例如把笼子作为惩罚狗的工具。我遇到过非常多的案例，主人发现狗做了错事之后，就很生气地把它关到笼子里面责骂一顿。如果狗有凶人、咬人的情况发生，不少主人还会把它关到笼子里面再拿东西去打它。这是非常糟糕的一种处理手段，正如前面提到的，狗在这个空间里觉得被保护、有安全感，但也意味着在这样一个空间当中，如果它承受了过大的压力，它将感觉无处可逃，唯一可以保护自己或者进行情绪宣泄的方式，就是警告甚至攻击给它带来压力的你，希望你能尽快退开。我已经处理过许多在笼子里打狗的案例，无一例外，后来主人正常靠近笼子的时候，狗就会龇牙发出警告声，因为它非常害怕主人的再次靠近让自己受到伤害。

我也非常不建议在笼子里喂食正餐。让狗在一个超级小的空间内进食，一些护食天性较强的狗很容易被激发出护食行为。不少新手主人从狗幼犬期就在笼子内喂食，一开始感觉没什么问题，但是某一次喂食后再靠近狗，狗可能龇牙警告了一下，主人就害怕了，狗就会越来越在进食的时候保护这个超小的地盘，护食问题会持续变严重。而相对地，在笼子里给予狗小颗粒的零食是完全没有问题的，因为一口能吃完的零食不会让狗有护食的机会，所以在进行笼内训练的时候，可以给小颗粒零食让狗在笼子里吃。

幼犬期的狗在笼子里的时候，我们可以选择在适当的时机伸手进去摸摸它，和它进行接触和互动，以免它对这个小空间产生过强的保护欲，甚至不让主人伸手进去"入侵它的私人空间"。但正如前面提到的，不要频繁地在笼子平静休息的狗进行互动，让它在笼子里变得不平静、躁动不安。自行把握这个尺度，一定能找出最恰当的方式，让狗养成最好的笼内习惯。

如果常在笼子里打狗，主人靠近笼子，狗就会凶主人

主人将手伸进笼子里，抚摸平静的狗

归根结底，笼子应该只与美好的事情联系在一起，比如在里面发呆、休息、玩玩具、吃零食、和主人平静接触，这样狗才会更喜欢待在笼子里。

本节小书签

1. 让狗喜欢笼子，而不是讨厌和惧怕笼子。
2. 做好狗进笼、出笼、笼内休息的细节训练。
3. 笼子可用于解决分离焦虑和进行日常空间管理。

第五天
制止狗乱咬手脚

和狗错误地接触和互动，会让狗认为这是玩耍的方式。这种误解会让狗爱上乱咬我们的手脚，让我们备感崩溃。

◆ 狗先用嘴巴接触和了解世界

狗出生的时候看不见、听不到，但是会通过嗅闻找到狗妈妈的乳头然后喝奶饱腹，使用嘴巴去接触和了解这个新鲜的世界，是狗完全不需要接受教育就会自然发生的事情。如果你带过几个月大的人类宝宝，你会发现同样的情况，无论是玩具、奶嘴、口水巾、被子、衣服，只要小宝宝嘴巴够得着或者手里拿得住，他们都会直接往嘴巴里塞，不管是什么东西，都能津津有味地啃上一段时间。不管是狗还是人类，刚出生时味觉都十分敏感，他们从来没有尝过世间的酸甜苦辣，因此一点点的味道对他们的味蕾而言，都是非常强烈的刺激，会让他们有把东西放到嘴巴里尝尝味道的欲望。

狗两周大的时候开始长门牙，最后上颚和下颚各有6颗门牙；4周时，4颗锋利的犬齿长出；5~8周时，臼齿开始长齐。至此狗的乳牙全部长齐，它们有了撕扯和啃咬东西的工具。这么好的工具不用放着干吗？所以幼犬一定会使用牙齿对各种新奇的东西进行啃咬咀嚼。很多幼犬喜欢咬地上的各种小东西，树叶、小石子是最受欢迎的，而在家中，纸巾、桌椅的边角，都是幼犬的最爱。

幼犬虽然力量不大，但牙齿很尖锐

很多幼犬会啃咬树叶或者小石子

◆ 幼犬在学习假咬和狩猎中成长

在狗的世界里面，狩猎和逃跑是非常重要的生存技能，而这种技能它们在幼犬期就会开始进行学习。一群幼犬互相打闹的时候，会互相追逐。被追逐的一方正在学习逃跑，而追逐的一方则学习狩猎。后者追上前者后，它会张开嘴巴咬住对方的皮毛，有时甚至会做出撕咬的动作。但如果它用力过大，被狩猎的幼犬就不乐意了，会大叫并且反抗——直接反咬对方一口，这时狩猎者就知道自己过分了，会退开结束这一次游戏，换成对方对自己进行追逐。这个过程当中，幼犬学会了假咬时的力量控制，也学会了对同伴的过分行为"说不"。有时候一些幼犬会跑过去突然咬它妈妈一口，希望妈妈跟它玩，如果下口比较轻，狗妈妈又不想和它玩，狗妈妈会忽略它，幼犬觉得无趣自然会去找其他幼犬玩耍；而有的幼犬不死心，再冲过去用力咬妈妈一口，这时候狗妈妈觉得它过分用力了，会很凶地用嘴巴啄它一下，幼犬会呜咽一声然后走开，再也不来骚扰妈妈了。这其实是狗妈妈在对自己的孩子进行管教，因为如果自己的孩子对别的狗这样过分用力，别的狗觉得不开心咬过来的话，自己的孩子就非死即伤了。

幼犬在打闹过程中学习假咬和追逐

在这些互动学习的过程中，它们很少会发出吠叫声进行交流，而是通过这些行为在进行沟通。而当幼犬在被我们带回家之后，它们就再也没有机会和兄弟姐妹以及父母进行这种互动了。有一些幼犬可能会更早地和家人分开，因而缺乏学习的机会，或者还未完全学会互动社交的正确方式，就进入了人类的家庭，那么它们学习假咬和狩猎的对象，就只能是把它们带回家的人。

◆ 狗的换牙期需求

狗在4~6个月时开始经历换牙期，牙痒得让它总想乱咬东西。咬东西能缓解牙齿的不适，并且能够帮助乳牙脱落，毕竟没有一只狗会跟主人说："我牙痛，带我去看牙医。"你会不时看到它即使没有东西啃咬，也会用舌头在嘴巴里一边舔一边嚼，这很可能是有一颗牙齿已经非常松了，它正在用舌头顶开，并希望通过不断咀嚼尽快让牙齿脱落，以减少嘴巴里的不适感。在把牙齿弄掉之后，很多狗会直接把牙齿往肚子里吞，所以你很少会看到换牙期的狗脱落的牙齿。

狗在换牙期时，牙齿会持续掉落

幼犬看到什么都咬，其实是在磨牙

这时候狗就会主动去找东西啃咬，比如主人放在地上的拖鞋、袜子，或者是桌子、椅子等，狗都会用来磨牙。这并不能怪它们，毕竟它们不知道这些东西是什么，而且鞋子、袜子上有主人的味道，木制家具的口感是它们最喜欢的，这些都让它们欲罢不能。因此在这个时期给狗买一些磨牙棒、咬胶玩具，能有效满足狗磨牙的需求，并且帮助它尽快完成换牙。不正常地换牙会导致狗出现双排牙——乳牙没有掉，新牙又长出来了。如果啃咬后乳牙还是没有掉，建议带狗看医生，拔牙一般是最后的方法。

◆ 主人错误的行为会促使狗咬人手脚

了解了狗以上几个时期的需求和行为特征，我们再来看看主人把狗带回家之后是如何"训练"狗咬自己的手脚的。

我相信绝大部分主动把狗带回家饲养的主人，都希望感受狗温暖、柔软的毛发——这是我们养狗的重大需求之一。当你在摸狗的时候，摸着摸着你会发现，它会扭头轻咬你的手指，这时候每个人就会有不同的反应了。

有的人觉得它这么小，也没用什么力，这都不是咬我，只是跟我玩，无所谓的。于是就继续摸狗，甚至把手放在狗的嘴巴里让它啃咬，放松地和狗玩起来。一开始你的感受没有错，但你忽略了一个问题，狗长大的速度惊人，只需要两三个月，它的体形、体重、牙齿的咬合力都会快速提升，这时候你会觉得不对劲：怎么它咬我的时候这么痛？但这时它已经停不下来了。

对它而言，这两三个月天天都跟你这么玩，天天咬你的手都没有问题，怎么一下子不让咬了？突然的行为改变会让它无所适从，它会想尽办法咬你的手，希望回到"之前的样子"。很多这类主人还会抱着一种想法，觉得狗只是小时候不懂，长大了就不会乱咬了。有这种想法的人比两个月大的狗还要天真，不经过教育，即使是人，也不可能长成一个成熟稳重的人。

狗轻咬手指的行为很常见，主人错误的反应会加强这个行为

有的主人会把整只手塞给狗咬，此举后患无穷

有的主人会对狗咬手特别敏感，狗第一次咬时虽然力气不是很大，但是它的小牙齿很尖，疼痛感还是明显的，因此正常的反应就是把手缩回。缩回之后，狗可能会停下来不咬，主人就会跟它说："不能咬了啊！"然后又伸手过去继续摸狗。狗看到手又过来了，心里想：这是不是一种游戏？这小猎物一下跑掉一下回来的，真好玩！于是它的兴奋劲儿被你的行为调动起来了，你的手代替了它的兄弟姐妹，陪它开始进行追逐啃咬的游戏。你的手一接触它的身体，它的嘴就过来和你的手"玩"，你下意识地再次把手缩回，不停地说不能咬，然后它再进行下一次的尝

狗咬手时，主人的正常反应是缩手，但这会促使狗追咬

试，游戏就停不下来了。

无奈的你发觉怎么说都没用，那就不摸了，站起来走开总可以吧？结果你一走动，狗觉得地面上的这双脚也可以追，于是就边跳边咬，追着两只脚玩起来了。害怕被狗咬的人，这时候会更怕，只能抬起脚躲避，希望狗不要继续追了，而越是退避逃跑，狗越觉得好玩。对狗而言，这个会靠近，会突然逃跑，还会发出叫声（从你的嘴巴发出）的猎物比什么玩具都有趣。

曾经有一个养边牧的家庭请我帮忙训练狗，狗妈妈生了5只小边牧，才5周大。我进屋后让主人把幼犬放出来看看情况，她非常惶恐地看着我说，它们出来就会疯了似的咬她的脚。但要解决问题仍需把幼犬放出来，她战战兢兢地把门打开，5只幼犬蜂拥而出，直奔她的双脚而来。她惊叫着跳上家中的沙发，但她的行动还是慢了一点，有3只幼犬已经咬住了她的裤腿。她在沙发上边叫边甩，有两2幼犬死活不松口，而沙发下面无法参与游戏的幼犬则边跳边叫，不断对着她的脚扑去，场面异常混乱。

幼犬咬脚，主人的正常反应是缩脚躲避，这同样会促使幼犬追咬

也有一些主人比较强势，当幼犬用牙齿轻咬手指的时候，他们会觉得需要从小教育它不能咬人，于是采用从各种途径听来的各种所谓的教育狗的好方法，通常包括以下3种。

1. 打嘴巴

当狗用嘴巴咬主人的手的时候，主人反手打它的嘴巴。这很好理解，也很顺手，于是主人就这么做了，当然下手也不会太重，毕竟只是两三个月大的狗。结果这么一个打嘴巴的互动，让狗认为主人在和它"互相啃咬"，于是主人一边打，它就回头一边咬，主人越打它越咬。

错误操作：打嘴巴

2. 抓住嘴巴不动

这也很好理解，它用嘴巴咬手，抓住它的嘴巴不让它动不就咬不到了。确实如此，当主人抓住狗的嘴巴的时候，狗确实咬不了，但是它的兴奋劲儿也被主人困住了。当主人的教训结束后，手一松开，狗发现嘴巴又能动了，立即又张嘴咬过去，又把它的嘴巴抓住，周而复始。这对狗而言，也是一个挺有趣的游戏。

错误操作：抓住嘴巴不动

3. 打屁股

这对人类来说更好理解了，即把狗当成小孩，觉得屁股肉厚、打不痛，所以可以打。结果狗发现我咬你手，你声东击西打我屁股？那好，我转头去追你的手，看你还能不能打得到我的屁股。

于是这类主人会总结出一个结论："越打咬得越厉害，怎么打都没用！"这些方法都是错误的，所以不要觉得随意在网上看一两分钟视频，学两三句话就能学会训练狗。如果不清楚原理，只是看操作技巧，完全可能把事情做错。

错误操作：打屁股

◆ 不要把手脚变成猎物和玩具

清楚了狗的需求，也明白了错误的行为对狗的误导作用后，要让一只狗不乱咬手脚就非常容易了。

我们都爱摸狗，但摸狗有正确的方式。要在狗平静放松的时候摸它，而不是在狗扑跳、打闹的时候去摸，否则你的手就是在追逐它，也是在鼓励它保持兴奋，被咬手是很自然的事情。只有在狗平静放松时进行抚摸，狗才会明白我们在鼓励它保持这种平静放松的状态，并且它更容易进入更放松舒适的状态。

抚摸狗的时候，不要一惊一乍的。有的人被狗咬过之后，担心伸手过去会再被咬，手伸到狗头顶就先停下来，看狗有没有张嘴巴咬的动作，有动作他就缩回手，没动作才战战兢兢地摸上去。这种畏畏缩缩的动作更易让狗警惕和关注，进而产生追咬行为。

要摸就坚定踏实地摸上去，这样狗才不会对你伸过来的手有所怀疑和顾虑，才能接受你每一次自然平静的抚摸。也非常不建议那种很狂热的抚摸方式：双手不停地搓弄狗的毛发，挤弄它的脸部和头部，老是用手去摸它的嘴巴、牙齿，或者没事就拉一下它的脚和尾巴。这些让狗感觉不舒适的接触，都会让它用嘴巴去反击驱赶，希望你停止。

错误操作：狗激动时伸手摸

错误操作：兴奋地用力抚摸

错误操作：畏畏缩缩地伸手摸头

正确操作：狗处于平静状态时，温柔抚摸

若正确抚摸的时候，狗仍然转过头来咬你的手，这时应该怎么办呢？你应该让这只被咬的手停下来，停下来的目的是让它明白我不是跟你玩，我不会退避，也不会追逐或者攻击你；然后把手握成拳头，目的是减少被它啃咬的目标，张开的手肯定比拳头更容易被咬到；用你另外一只手把狗推开或者拉开（提前套好绳子），此时你被咬的手仍然不要有动作，如果狗被拉开后再冲向你的手，请拉开它第二次、第三次……最终狗一定会停下来。记得每次拉开后要放松绳子，直到它不再冲向你的手，纠正就圆满结束了。这样的行动能清晰地告诉它3件事：第一，我的手不是玩具，不会动，不会和你玩；第二，我会保护我的手，用另一只手或者绳子作为工具，让你离开；第三，你必须放弃咬我的手的想法，你放松下来，事情就会结束。

狗咬手时，手停下来握成拳头

拳头不动，另一只手拉绳子

放松绳子，狗放松后，把手收走

同样，我们在家中走动时，并不希望狗把我们的脚或者拖鞋、裤子当成猎物进行追逐啃咬，特别是柯基和边牧这两种狗。因此在家中走动的时候，不要边走边盯着狗或者和狗说话，因为只要和它对视并不断地说话，就是让它跟你玩耍的表达。我们在家走动的时候忽略狗，狗也会忽略我们，它就会认为我们在家中走动是

面对狗头部以驱赶

被驱赶时，狗侧身，没有离开

非常正常的事情。如果有的狗在我们走动的时候突然扑上来打闹，我们需要做的事情就是站直不动，也不要往后退或者用脚踢开狗，然后再继续向前走就好了。如果它不依不饶地追着玩，就需要有所行动了。可以面向它的头部走过去，如果它别开头或侧过身子，我们仍然要转到它头部的正面，持续面向它的头部，给它施加压力，这是一种明确的驱赶行为，大部分狗会立即退开，如果这种操作无效，可以提前给狗戴上绳子，当它扑向脚部的时候，弯腰拿起绳子把它拉开，一次次地让它离开我们的脚，直到它能忽略我们正常的走动为止。

错误操作：盯着狗走路

错误操作：用脚踢开咬脚的狗

错误操作：退避逃跑

正确操作：双脚站立

正确操作：向狗走去，驱赶它

正确操作：拿绳子把它拉开，放松绳子，让它无法向前冲

在这里也特别提醒一些有小朋友的家庭，小朋友都喜欢玩追逐游戏，如果小朋友习惯和狗进行这个游戏，小朋友被狗误伤的概率会大大升高。建议看到小朋友和狗进行追逐时，立即制止小朋友。虽然初期他们这样玩耍问题不大，但是很快小朋友就会被狗追咬得大叫乱跳，游戏模式一旦确立，狗每次看到小朋友都会去追咬，那时再去纠正就非常耗费时间和精力了。

根据纠正咬手脚的方式，我们可以总结出一个关于狗乱咬问题的解决方法，那就是让被咬的东西保持不动，对狗进行驱赶，保护好被咬的东西，直到狗放弃、放松。因此无论它是咬厕所板、椅子脚、拖鞋还是咬扫地机器人，都用同样的方式处理就好了，打骂是绝对不能真正解决问题的。

◆ 堵不如疏

回到狗啃咬需求的根本，我们总不能一味制止它的行为、扼杀它的真实需求。手脚不能变成猎物和玩具，那么我们需要给它别的猎物和玩具，比如其他可以啃咬的东西，让狗的啃咬需求得到满足、精力得到发泄，这样狗才会更乖巧，不会乱咬东西。

让狗啃咬磨牙玩具

本节小书签

1. 狗有啃咬的需求，需要让它得到满足。

2. 错误的互动行为是促使狗咬手脚的主因。

3. 正确的接触和被咬后的处理方式能让狗快速停止啃咬行为。

第六天
让幼犬学会正确玩耍，防止狗拆家

养了一只狗，不就是想和它一起玩吗？那么可千万别只是把玩具丢给它哦！

◆ 狗在玩这件事上能有多折腾？

你在养狗之前可能就看过很多搞笑的狗拆家画面，主人回家后发现家里像被盗贼翻过一般，结果作案者是自己养的狗。狗这样做的原因很简单，主人上班、上学之后家中空无一人，而狗精力旺盛无处发泄，自己就开始找乐子了。玩具实在是很没意思，反正家里有那么多能咬的东西，这里咬一咬，那里撕一撕，动作大、声音响、形式多样，比咬玩具有趣太多了，于是主人回家的时候就看到"家被拆了"的光景。这样的"装修工"让人非常崩溃，它们通常只有主人不在的时候才会捣乱，主人在家时就装乖，一动不动地躺着睡觉，你很难逮着机会教育它们。

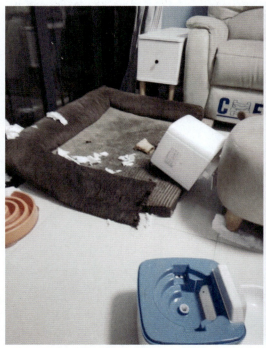

狗通常趁无人在家时捣乱

有一些狗是反过来的，主人不在家的时候躺着一动不动，甚至懒得吃饭喝水，连排便都不去。但是只要主人在家，它的兴奋劲儿就起来了，不停地跑到主人身前要求玩耍。我曾经在一个宠物店主家见过一只雪纳瑞，它真的可以一刻不停地叼球过来找人玩。如果店里有客人来访，它就叼给客人，客人通常都会顺手陪它玩，而如果没有客人，它就不停地拿球给主人玩，谁不陪它玩它就一直站在谁面前，不叫也不走，有耐性得很。还有一只特别爱玩拖鞋的金毛，只要主人一坐下来，它就会去偷走主人的拖鞋，等主人去追它玩。主人抢回拖鞋没多久，坐下看个电视，一不留神它就又重新开始游戏。而这些主人都会告诉我，自己不在家时，通过摄像头看到的狗只知道睡觉。

　　有的主人会买很多玩具给狗玩，每次我到这些家庭里，都会发现地上摆满了各种各样的玩具，我要小心走路才不会踩到。但狗通常都不会玩这些主人精心准备的玩具，反而喜欢玩主人的拖鞋。这些主人总是很生气地跟我抱怨："花了这么多钱买的玩具它就是不玩，反而把我的拖鞋咬烂了一双又一双！"

狗喜欢找人玩

狗咬拖鞋或因为主人会追它

◆　错误的玩耍方式问题多多

　　希望狗不拆家，最重要的是让它消耗过剩的精力，正确进行外出随行是最好的方法，其次就是正确玩耍了。狗总是在主人上班后"装修"，就是因为主人没有帮助它正确消耗过剩的精力。

　　而对于那些和主人玩个不停的狗，是因为在日常跟主人提出玩耍要求的时候，主人总是有求必应，只要它拿个球过来就一定和它扔着玩，只要它搭上自己的大腿就一定跟它互动。狗习惯了和主人之间的这种玩耍模式，而玩耍又是一件可以得到情绪激励的行为，它们就完全停不下来了。

　　虽然大部分主人都很舍得买各种玩具给狗，目的之一也是避免它乱咬家中其他物品，但是他们只是把玩具买回来丢给它而已，并没有和它玩耍，丢在地上的东西有什么吸引力呢？这些东西的有趣程度远远不如主人的拖鞋，因为每次去拿主人的拖鞋，主人一定会追着狗跑——多好玩的追逐游戏呀！这只能怪我们在看到狗自己咬玩具的时候，总是点点头并露出欣慰的笑容："嗯，自己会玩就乖了。"

◆ 为狗选择合适的玩具

想和狗正确地玩耍，并且让狗觉得有趣，就应该为它选择合适的玩具。你要考虑的最重要的事情就是狗的玩耍习惯。观察狗如何与玩具互动非常重要，不然你可能买到一些狗不喜欢或者不适合它的玩具。如果狗喜欢撕咬玩具——撕毁玩具掏出里面的内容物，"杀死"那个会吱吱叫的玩具，那么对这种狗来说，毛绒玩具可能就不适合它，因为它会在几分钟内将其毁掉，甚至吞下内容物，尤其是你不在家的时候就更危险了。这时，挑选更耐用的玩具，如橡胶或帆布玩具，可能是更好的选择。有的狗喜欢会动的玩具，因此球、橡胶飞盘等玩具就更适合它。

许多幼犬喜欢橡皮型咀嚼玩具，因为它们正在长牙。那些咬下去会发声的玩具幼犬也特别喜欢，因为这类玩具很像被抓到的垂死尖叫的猎物。发情期的狗会喜欢柔软的玩具，这类玩具可以让狗舒适地抓住和拉扯，甚至作为发情的对象。成年后，狗可能需要更坚固的玩具，如粗绳或更硬的橡胶球，甚至是磨牙棒等耐啃咬的玩具。不同的狗对材料的偏好也不一样，除了形状、软硬度、口感、手感之外，气味也会影响狗对玩具的喜爱度，狗不喜欢一些有刺激气味的玩具。

狗喜欢会动的玩具？给它球类玩具试试

毛绒玩具经不起撕咬，狗吞食内容物有风险

购买玩具的时候要根据狗的体形大小进行选择。许多玩具只适合小型犬，因为它们的体形和嘴巴都小。重点是不要买任何能被狗完全含在嘴里的玩具，因为狗可能会吞下玩具，有窒息的危险，而幼犬比成犬更容易乱吞东西。如果玩具被咬成几块，要把玩具收走，以免被狗吃下。

绳结玩具适合拉扯游戏

购买玩具时还要考虑狗的破坏力。某些玩具被认为适合小型犬的另一个原因是，小型犬的咬合力比较弱。所以这样的玩具对一些小型犬来说可能是合适的，但对大型犬来说不用一会儿就会被玩坏。要确保买的玩具能够承受狗的啃咬和粗暴玩耍。

如果不想考虑那么多，买安全耐用的玩具即可。我给狗选择玩具时考虑的第一点是结实、耐用，第二点则是材料的安全度，第三点是容易清洗，因为狗咬完之后唾液留存在上面会让细菌滋生，容易清洗的玩具能降低风险。

最后一个提醒，不要买过多的玩具给狗。因为把玩具放了一地之后，狗就不能分辨什么是玩具了，它会觉得只要是地上的，或是自己嘴巴咬得着的东西，都能咬着玩，因为主人总是把各种不同的东西扔到地上给我玩。

◆ **如何正确地和狗玩游戏？**

首先要明确什么时候可以玩游戏。正如我小时候想玩游戏机，妈妈就有一个明确的要求：只有周末可以玩，而其他时间是不能碰游戏机的。对狗来说也一样，需要由主人来确定玩耍的时间。这些时间并没有固定的要求，只要主人觉得可以就行，但是通常一定是主人有空的时候，如果没什么时间，马上要忙别的事情，就别把玩具丢给它。

游戏都应该尽量由主人发起，当主人觉得可以和狗玩耍的时候，就拿出给它准备的玩具，引诱它、跟它说话，让它兴奋起来，然后让它追逐或者啃咬这个玩具。由主人发起游戏，能让狗明白这是对它的一种奖励，也能有效减少它提出玩耍要求的情况。

玩游戏不是把玩具丢给狗就结束了，主人应该陪狗玩耍，和它一起变得兴奋激动，持续地进行互动，这样狗才会觉得玩具好玩。其实本质并非玩具好玩，而是互动让游戏有无穷的乐趣，这也是我们养狗想要的美好时刻。

游戏应尽量由主人发起

和狗享受互动的乐趣

　　所有的游戏都需要有明确的结束，不是玩着玩着主人就走开，把玩具丢给狗作为结束。如果此时狗还不想结束，它会再过来骚扰主人，让主人陪它玩，因此有一个明确的停止游戏的指示，狗才能明白今天的游戏到此为止。把狗的玩具拿到手中，然后让它坐下或者离开，等它平静放松后忽略它的眼神，直接把玩具收起来，然后去做自己的事情就可以了。

不是玩具的物品要收拾好

而一切不是玩具的东西都应该尽量收好，不要让狗随便咬。当狗咬了不该咬的东西时，也不要着急追逐和抢夺，平静地走向狗，伸手拿紧它咬的东西不动，尽量让这个东西包裹在手后面。当狗看你拿着东西不动，就会觉得无趣，而坚定地拿这个东西也是在向它表达对这个东西的保护和占有，只要给它一点时间，它就会把这个东西吐出来。此时，你平静地拿走即可，只要每次取回东西都是平静的，狗就不会误认为你是在用这些东西和它玩游戏了。

◆ 延伸：适合狗的玩耍训练

拔河、衔回、躲猫猫、嗅闻、顶气球5种游戏较适合狗。

一、拔河游戏

绝大部分狗都喜欢玩拔河游戏，因为它们都有捕猎的天性，和主人拉扯一个玩具，就相当于争抢猎物。很多人和狗玩拔河游戏的时候，会发现狗一边玩一边发出低吼声，这时候不需要害怕，这也是狗学习警告表达的过程，它清楚这是在玩耍，就算最终是你抢得"猎物"，它也不会因为没抢到而生气地攻击你。这个游戏的关键是如何正确地取回被拉扯的玩具，避免在取回时，让狗以为还在游戏中，进而误伤你的手。每次你最终拿走玩具都代表了你是赢的一方，可以提升你的地位。

以下是具体的游戏方式

1. 拿出玩具，通常是绳结类玩具或者毛绒玩具，在狗面前蹲下或者坐下。不要弯腰跟狗玩耍，这样会引得狗往上跳起抢夺东西，容易被它的牙齿划伤手。

2. 用玩具逗狗的头部和嘴巴，让狗兴奋并开始追逐，只要它咬上玩具，游戏就开始了。

3. 尽量水平地左右缓慢大幅度摆动玩具，让狗在拉扯的过程中随着手的摆动左右大幅度跑动。缓慢的目的是避免拉伤它的牙齿，左右摆动的目的是让狗不要跳起来追逐，大幅度的目的是让狗有更大的活动范围，更有效地消耗它的精力。

4. 当你觉得游戏需要停下来的时候，把手和玩具停在你身前的位置，定住不动，并逐步用手包裹整个玩具，给狗一点时间，它会自己把嘴巴张开，离开玩具。

5. 当狗的嘴巴离开玩具的时候，不要立即抽走玩具，否则它会立即扑上去争抢，以为游戏仍在继续，应该用一只手对拿着玩具的手进行遮挡，让狗后退。

6. 只要狗能做到后退并放松地看着你，就立即将玩具再次扔出去让它咬上，以开始第二次游戏作为对它服从要求的奖励。

7. 当要彻底结束游戏的时候，正确取回玩具，等狗放松退开后自然站立，把玩具放好即可。

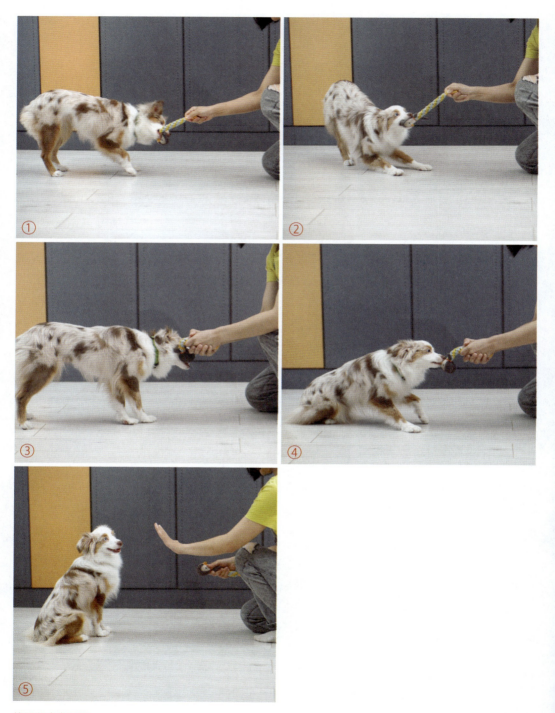

拔河游戏步骤图

二、衔回游戏

大部分狗都喜欢从地上捡东西，与其让它乱捡垃圾，不如主动和它玩衔回游戏，让它捡球。运动的物品特别能吸引狗的注意，因此使用颜色鲜艳、会弹跳、大小适合的球类玩具进行衔回游戏是最合适的。衔回游戏如果玩得好，主人就可以安坐在椅子上，让狗来来回回跑上半个小时，自己舒服自在，狗又能有效消耗精力，实现双赢。

以下是具体的游戏方式。

1. 先拿出球给狗嗅闻和啃咬，让它熟悉这个会动的玩具。

2. 在狗面前丢出球，不要丢出太远，让它去追咬，当它捡起之后回到你的面前，掏出一个零食给它，拿走它的球。

3. 持续做上一步操作，然后逐渐把球丢远，只要它能叼回来，你就掏出零食给它奖励，再进行下一次游戏。

4. 不要提早掏出零食，有的狗看到零食就丢下球不管，直接凑过来找你要零食。

5. 当狗习惯了这个互动方式之后，可以逐步添加口令，在扔出球的时候跟它说"捡球"，而在它叼回来的路上跟它说"捡回来"，当它把球放到你面前或者手中的时候跟它说"给我"，慢慢狗就能理解这些口令所代表的行动了。

6. 注意要变换扔球的力量、距离、方向，甚至有时用滚动的方式，有时还可以骗骗狗——假装把球扔出去，这些变化会让一个单调的游戏变得乐趣无穷。

衔回游戏步骤图：

先把球拿给狗嗅闻、啃咬，让狗熟悉玩具

近距离丢球让狗衔回

零食不要太早拿出

熟悉后加入对应的口令

假装扔球

三、躲猫猫游戏

狗的鼻子是很灵敏的，利用这个特点，在家中或者宠物乐园这些安全的区域和狗玩躲猫猫游戏是件很有趣的事。安全是需要特别注意的事项，千万别在开阔的场所里面直接消失然后让狗去找你，户外各种气息混杂，如果在逆风处的狗嗅闻不到你的气味，突然发现你不见了，狗会心里发慌，到处乱窜，狗就变成流浪狗了。因此躲猫猫游戏一定要在安全、狗不会彻底离开的空间里进行。而进行这个游戏还有一个好处，就是让狗习惯在主人消失之后，主动去寻找主人，这在一定程度上可以降低丢狗的风险。

游戏方式

1. 最好双人配合，其中一人在原地牵着狗。

2. 主人找个地方躲起来，并且大声喊狗的名字，牵狗的人把狗放掉，让它循着声音寻找。

3. 一开始难度不要太高，找一个近一点的、容易找到的地方躲，让狗能很快找到你。当它找到你之后，你要兴奋地抚摸它、表扬它、奖励它。

4. 多次进行以上的步骤，牵狗的人在每次放开狗的时候，发出"寻找"的声音指令，而你到后期可以不再喊它的名字，让狗自行在有限的空间内进行搜索。

5. 如果在狗学会了"坐"和"等"之后进行这个游戏，你就可以一个人和狗玩了。

躲猫猫游戏步骤图：

先从近距离开始

逐步加大距离玩

四、嗅闻游戏

狗最灵敏的感官是鼻子，发挥狗这一长处，对狗了解世界是非常有好处的。虽然我们并不会把自己的狗训练成搜毒犬，但是每一只狗几乎都有这种能力，只要你引导得当，让它寻找一个有特定气味的东西是非常容易的事情。在这个游戏的过程中，你会发现狗的注意力前所未有地集中，这种"工作状态"是非常迷人的。

以下是具体的游戏方式。

1. 选择一个有特定气味的物品，可以是狗平时经常啃咬的玩具。

2. 把狗关在房间内，关门之前先拿出这个玩具让它嗅闻一下，然后关上房门。

3. 把玩具放在门前一两米的位置，确保狗一开门就能看到，然后打开房门。

4. 如果狗一开门就冲向玩具，可以马上给予大大的奖励；如果它没有冲向玩具，请用手引导它走向玩具，等它碰到玩具后给予奖励。

5. 重复以上的步骤，逐渐把距离从一两米变成七八米，并且在每次开门的时候向狗发出"寻找玩具"的指令。

6. 增加难度，把玩具藏到桌子的后面，让狗不能一下子看到，狗这时候会利用它的鼻子去寻找。不用担心，只要一开始不是藏得很深，它一定能找到。

7. 再次增加难度，除了在不同的地面位置和角落之外，还可以把玩具放在不同的高度，例如椅子上面、抽屉的把手上，只要把玩具放在狗站起来能闻到的地方，它都能找到。

8. 当熟悉这个游戏之后，可以使用不同的物品让它寻找。这样你若是丢了一只拖鞋，就有好帮手帮你找回来了。

嗅闻游戏步骤图：

先从近距离、低难度的地方开始

逐步加大距离和难度

也可以尝试把物品放到高处狗看不到的地方

也可以尝试把物品放到高处狗看不到的地方

五、顶气球游戏

你可能看过一些运动能力很强的狗，能够持续跳高顶气球，一直不让气球落地，它自己和气球玩得不亦乐乎。很多人都想让自己的狗也这样厉害，但要注意，有的狗的运动协调能力较差，做不到这样，也有的狗的小短腿、胖腰身不适合持续跳跃。这些狗的主人就不要勉强自己的狗了，但是和它玩一下顶气球游戏还是可以的。

以下是具体的游戏方式。

1. 拿出气球，尽量厚实一点，不要一碰就爆，否则一个爆炸的气球第一次就吓到狗，它以后看到气球就不玩了。

2. 先让狗嗅闻一下气球，然后用气球碰一下狗的鼻子，拿高气球，奖励它一小颗零食。

3. 继续以上步骤，一直用手去控制气球的高度。

4. 把气球放在比狗鼻子高一点的位置，不要主动用气球碰它的鼻子，如果狗自己用鼻子凑上去碰了一下气球，马上给它奖励。

5. 把气球放高一些，让狗伸长脖子才能碰到。每次放好都跟它说"顶球"，每次它的鼻子主动碰到都给它奖励。

6. 继续把气球放高，发出"顶球"的指令，如果狗能尝试跳起来顶一下气球，就给它大大的奖励。

7. 多次重复上一步，直到找到一个狗能跳起来较容易顶到的高度为止。

8. 把气球直接抛起，让它自由下落，尽量让气球落在狗头顶上的位置，不要抛远，让狗有机会轻松顶到。狗做到后给它大大的奖励。

9. 多次重复上一步，直到狗很主动地去顶，就可以把气球抛向别的方向。

10. 注意，奖励不要每次都是零食，口头表扬也可以，零食随机给，这样狗才能持续顶气球。

顶气球游戏步骤图：

第七天
避免狗养成扑人的坏习惯

狗扑人的行为会因人而异，同一家人回家，有的狗扑男主人，有的狗扑女主人，有的狗还专门扑陌生人。

◆ 你享受被狗扑的感觉吗？

每次我给新养狗家庭上课时，都会提到狗扑人这个问题。有趣的是，有一部分的狗主人会直接跟我说："我就是喜欢它扑我啊。"

我还挺能理解这种感受的，主人累了一整天回到家，饥肠辘辘一身疲惫，打开门的时候自己的狗兴奋地向自己扑来，使劲地往自己身上跳。如果你蹲下来或者抱起它，它会毫不犹豫地用嘴巴去舔你的脸和嘴巴，完全不会介意你脸上积了一天的油和还未卸的妆。

如果真要享受这份热情，那么要提前考虑好是不是可以接受你家狗一辈子越来越猛烈的热情表现。它还是两三个月大的幼犬时，无论它怎么往你身上扑跳，你都会觉得它可爱，觉得它的扑跳完全可以接受。但是如果你饲养的是中大型犬，如拉布拉多、边牧、金毛、阿拉斯加等，当它五六个月大的时候，你会感受到它扑你的力量

回家时幼犬扑跳主人

和两三个月时比，根本不是一个量级的。它仿佛一个重量级拳手，一爪一爪地扒在你的身上，轻则大腿、腹部被击中疼痛，重则裤子被剐破，留一大腿的爪痕。

你要知道，这都是你从一开始就纵容和鼓励扑跳行为造成的。如果你在狗扑跳了几个月之后突然说"我受不了"，它是不会理会你的。如果是家里养的是一只小型犬，或者了解了这些情况，仍然认为"我养狗就是想感受这份热情"那么你可以跳过本节内容。

大型犬扑跳，爪子会让人疼痛

◆ 狗为什么喜欢扑人？

狗是群居动物，群体生活、集体行动是它们的群体特性。但是幼犬并不具备外出狩猎的能力，它们还在蹒跚学步、喝奶长肉。成犬狩猎回来时，幼犬会兴奋地冲到自己父母的跟前，不断地扑跳、用嘴巴去舔狩猎归来的父母的嘴巴。有一种说法是狗觉得其他同伴出去狩猎能安全回来，实在是值得高兴的事，因此它们会对同伴的安全回归表现得兴奋激动。但更为合理的解释是外出狩猎的狗回来时会带上一些食物，或者它们吃过猎物后嘴巴会残留一些碎屑或者血液，这对于在"大本营"中等待的狗来说是非常具有吸引力的东西，扑跳舔嘴巴也是为了舔食这些残留物。

狗扑跳并舔人的嘴巴

这样的习性宠物狗同样有。每天主人关门离去，那就是外出狩猎去了，到了晚上竟然能安全回家，实在太令狗开心了。不断地扑跳是一种欢迎仪式，虽然你这个奇怪的"直立狗"长得有点高，但是你会蹲下来，它也会跳起来，这么互相一呼应，狗就顺理成章地完成了舔嘴巴的过程，虽然它肯定吃不到什么东西。所以不要责怪狗这个行为，这是它们的天性，是刻印在它们基因中的行为模式。如果你能接受这种热情的欢迎仪式，也不失为一种增进感情的亲昵行为。

◆ 狗为何变得更爱扑人了？

既然狗扑人是一定会发生的事情，那么就意味着如果我们不刻意阻止或者改变，狗就会一直做这件事，并且形成习惯。而无论你想不想它扑自己，一些很自然的反应会在不知不觉中引导狗变得更爱扑人。

想想你回家的时候，是不是第一件事就是喊狗的名字？然后问一句"在家有没有捣乱啊？"或者"是不是很想我啊？"接着，当狗飞奔过来往你身上扑的时候，不管说"好了好了，乖了乖了"，还是说"别扑啦，别扑啦，你把我弄痛啦！"你都会很自然地用手去摸它，甚至蹲下来摸个够，也让它舔个够，直到它的兴奋劲儿过了之后，才和它结束互动。

这都是各位主人很正常的反应，一方面是因为我们回家看到狗确实觉得开心，另一方面是因为狗的行为让我们也被激励得兴奋起来。在这种人狗都兴奋激动的互动中，狗会认为每一次你回家对它的扑跳都是喜欢的，并且会鼓励它这么做，于是狗的扑跳行为就被强化了。

也有一些主人是不喜欢被狗扑的，不想狗弄坏自己的衣服裤子，也不想自己刚买回家的肉菜被狗扑掉在地上。当狗扑过来的时候，他们嘴巴里一边大叫"不要扑，走开走开！"身体一边躲避和后退。对狗而言，兴奋地大叫和逃跑都代表着游戏的开始，于是它会更兴奋地扑人。

狗扑跳，主人热情回应抚摸

狗扑跳，主人拿着东西躲避

一些热情易兴奋的狗也特别喜欢扑向对它有回应的陌生人。如果你牵着狗遇到认识的熟人，当你和对方打招呼时，你的狗就可能会往对方身上扑。又或者一些喜欢狗的人，热情地靠近你们或者盯着狗说上一句"好可爱啊！"你的狗就会立即报以热情的扑跳。

狗在路上扑跳热情的陌生人

　　我们可以发现，狗的扑跳行为是非常容易被引发甚至强化的。在它的生活环境中，有那么多的人和它站着进行各种互动，这会让矮小的狗很容易兴奋起来，认为只有扑跳起来才能更容易得到人的关注和互动。

◆ 从幼犬期开始改变狗扑跳的习惯

　　想改变狗喜欢扑跳的习惯，就应该从幼犬期开始。你回家的时候，首先要做到对狗的"三不"：不对视、不接触、不对话。在完全忽视狗的状态下走进家门，当它扑跳的时候仍然无动于衷，当然也不是停下来什么都不做，单纯让它使劲地扑。你回家时会做放下物品、脱掉外衣、换鞋子、洗手等一系列的事情，专注做这些事情就好。很多狗这时会发现扑跳毫无作用，没有得到任何激励的回应，自然就会停止扑跳。当它停止扑跳并且四脚着地的时候，你就可以蹲下来摸它、和它互动了。这样狗就能明白，扑跳得不到自己想要的，而尽快停止扑跳，才会得到主人的关注。

　　有一些狗的体形和力量偏大，虽然你不理会它，它仍然会跳不止，十分烦人，这时候就不能被动地一直让狗扑跳了。你可以在站立的状态下直接转身，当你一转身，狗就会掉下来，因为它两条腿站不稳。它可能会再次跑到你的面前进行第二次扑跳，没关系，你继续转身。几次转身后，它老是掉下来，自己也觉得很没趣，就会停止扑跳行为了。如果这招对狗也不好使，千万不要退让，直接向它走过去。狗扑在你的身上，当你向它走，它必然会掉下来，这时不要停止你的步伐，继续向它走过去，它会感受到你的驱赶带来的压力而躲避离开。无论是转身还是前行驱赶，都与逃跑躲避是完全不同的行动，狗会在这个过程中了解到你并不是在和它玩耍，而且扑跳完全无法使它达成自己的目的，这个行为的发生次数自然会逐渐减少。

狗扑跳，主人不做回应　　　　　　狗扑跳，转身让它掉下　　　　　　狗扑跳，前行驱赶它

　　如果你想加快训练进度，就每隔半小时左右出门一次，隔一小段时间再回到家里，进行反复的强化操作。注意，每一次你进入家门都要遵守这样的规则，最好是你家中的所有成员都遵守这样的规则。经过一段时间的调整，狗就不会对任何进家门的人扑跳了。如果有的人因害怕而逃离或者配合并抚摸狗，狗就会每次只扑这个人。

　　也有一些狗会在你坐着看电视、玩手机的时候往你的腿上扑，大部分人的反应都是顺势摸摸狗，这一反应特别容易让狗在你坐着的时候就往你身上扑。因为它想得到你的关注，才会扑到你的腿上，而你的抚摸则是对它的一次次鼓励。正确的处理方式是直接把它推下去，并伴以"下去"的指令。狗扑跳几次之后发现你根本不理它，还会赶它下去，它就会自己走到一边待着了。不要觉得这样对狗很冷酷无情，如果你也想和它互动，等它离开休息之后再叫它回来就好了，它一样会屁颠屁颠地跑到你跟前。这时候你就放心抱起它吧，因为这次是你主动让它过来的，它就是一只听话的狗。

狗扑跳坐在沙发上的主人　　　　错误操作：主人抚摸扑跳的狗　　　正确操作：主人推下扑跳的狗

在外面散步时，很多人喜欢和狗打招呼，必须提醒他们等到狗乖乖坐下的时候，才和它互动，这样也可以避免狗误伤路人。当狗兴奋扑跳的时候，把你手上的绳子拿得更紧一些，快速拉一下绳子提醒它不要激动，并且把它牵引回你的身后。当狗在你身后时，它会更容易冷静下来并且把注意力放到你的身上。当狗不再兴奋扑跳，你就可以邀请对方蹲下来摸摸狗了，这样平静的接触对双方来说都是更好的体验。

狗扑跳陌生人

主人把狗控制在身后

让狗与人平静地接触

狗真的是很聪明的动物，只要我们用正确的沟通方式，让它理解我们的意图，它们就会很好地执行，原因也很简单——它们爱我们、信任我们，希望做让我们高兴、喜欢的事情。而更重要的是对扑跳不予回应，对平静加以鼓励，从幼犬期开始执行，全家统一执行，一辈子统一执行，这才是纠正狗扑跳行为最有效的方法。

第八天
避免过度关注产生焦虑或攻击问题

新手主人的内心独白

"我终于拥有这只狗了，我看到它屁颠屁颠地走过来就觉得好开心啊。我总是忍不住想看着它，想黏着它，我太喜欢把它抱在腿上的感觉了，我巴不得时时刻刻都把它带在身边。我得好好照顾它，它不能生病、不能饿着，有什么好的我都想给它。总之，我一定要它一辈子在我身边都是健康快乐的！"

这绝对是一个新手主人再正常不过的心理活动了。你一定很爱你的狗，才会把它带回家。你希望将自己的爱都给它，并让它切切实实地感受到，因为你也期望它对你表现出爱与忠诚。

但一个残酷的真相是，当爱变成了溺爱，将会引发狗极其严重的行为问题，而这正是新手主人很难迈过的坎。

◆ 过度关注带来的分离焦虑

你是不是时时刻刻都想看看狗、摸摸狗，甚至喋喋不休地跟它说话？作为一个人类，我们很自然地觉得这是向狗表达爱意的行为。在我遇到的很多问题狗的家庭中，喜欢这么做的主人占比超过2/3。他们认为自己这么做的时候，狗是愉悦的，对自己有回应，甚至是听得懂自己的话的。

主人时常一脸溺爱地看着狗

刚把狗带回家的几天有这种情况不足为奇，有的主人慢慢会冷静下来，不再如此狂热，回归到一个适当的、有节制的状态当中。但有一定比例的主人会延续这种关注，这就会给狗带来非常糟糕的问题——分离焦虑。

狗有分离焦虑是正常的，因为它是群居动物。在自然界的狗群当中，所有的行动都是群体行动，共同休息、共同打猎、共同逃离危险。但我们要去上班上学，我们会"全家都外出打猎，丢下狗自己在窝里"。当狗这么理解我们的离开时，就会表现出分离焦虑，轻则呜咽低鸣，重则吠叫咬笼，更甚者会自残——啃咬自己的身体。

狗并非不能接受独处，我们介绍过如何解决狗到家初期的焦虑吠叫（详见第三章第三节），在狗适应了初期的独处之后，我们需要做的是不要再次引发它的焦虑情绪。

持续地看着狗、摸狗，在它身边跟它不断地说话，都是一种持续的交流状态，狗在这期间一定会有回应，大部分狗确实也会表现得愉快和顺从，但是这种状态持续的时间越长，狗就越习惯主人一直在身边，而当你真的需要和它分开的时候，狗就会变得焦虑不安。这时候，你陪伴时所给予的爱就变成了你离开时伤害它的利刃。

怎么做？

减少与狗四目交流的时间。在家中时，至少有50%的时间忽略狗，各自独处。

◆ 内心戏太多，担忧出了真毛病

还有一类狗主人，我称之为"忧心型主人"。他们对于狗可能会发生的问题心存担忧，而且是持续地、一个接一个地担忧。

我好怕它吃不饱，它虽然看上去毛茸茸的，但是摸上去都是骨头啊，我得多放点食物在它的饭盆里才行，绝对不能让它饿着了。

这狗粮是不是味道不好？我放着它都吃不完。我给它加点新鲜鸡肉吧，再加点三文鱼试试看。

凌晨3点狗叫了两声，我得马上起来看看，它可能是想尿尿了吧，我得给它换个尿垫才行。

外面打雷下雨的，它躲在窝里不动是不是很怕呀？我还是把它抱到我的床上去吧，有了我的保护，它应该就不会那么怕了。

它今天好像没昨天那么爱玩，是不是昨天我骂了它两句，它不开心了呢？

塞满食物的饭盆和无食欲的狗

　　虽然现实生活比电影更精彩，但是主人们还真不适合给自己和狗加太多的戏。狗是一种活在当下的动物，它们自身是不会有"担忧将来"的想法和情绪的。只要这一顿饭吃饱了，它不会担心下一顿自己会饿肚子，不会有"主人可能太穷买不起狗粮"的想法。它被你狠狠责骂的时候确实会低头躲避表达屈服顺从，但只要你气消了、离开了，这事在狗这边就彻底结束了，它不会想着"昨天你骂我那么狠，我今天就不给你好脸看"。

　　如果我们用人类的想法去代入狗，就会给人和狗都带来无尽的担忧，而这些担忧除了让你自己活得很累之外，还会让你做出错误的行为，引导狗出现各种坏习惯。

　　担忧狗吃不饱，长期放置大量食物在它身边，会让狗的食欲减退，只有使用正确的喂食方式（详见第二章第三节），才能让狗保持旺盛的食欲。持续拥有对食物的渴望才是一只健康狗应该有的状态。当你把狗"调教"到不爱吃狗粮之后，你的忧虑会让你为它不断升级食物：鲜粮、冻干肉、水煮鸡胸肉、鸡肝、牛肝、三文鱼、羊奶……只要你愿意，你可以天天换不同的口味。刚开始尝鲜的狗当然爱吃，几顿之后又腻了。这个过程让人痛苦万分，狗像一个毫不满足的人，对所有美食嗤之以鼻，最后对再好的食物都没有进食欲望。在我接触过的多个严重案例当中，狗会厌食至呕吐，却仍然不肯进食。

　　而狗一旦有任何风吹草动，比如走个路、叫一声，你就马上给予回应的话，你就会让狗支配你的生活作息。

在我刚开始做犬只训练的两年里，有超过300个主人问过我一模一样的问题："我家狗早上5点就叫我起床，每天都很准时，我不起来它就一直叫。就算我不睡，也会影响邻居啊。太痛苦了，怎么办啊？"

这件事怪不得狗，是你有了第一次的担忧、回应，让狗形成了坏习惯。狗用声音去影响、支配你的行动，一次又一次地成功了，不成功就叫得狠一点，就能再次成功。大家有没有想过，它可能天生就会训练人。

千万不要让自己活得那么累，我们把狗带回家，目的是让生活变得更美好，而不是给生活添加一个令我们不安的源头。容易过度忧虑的主人最应该学习狗活在当下的心态，和狗相处的时候放下担忧和顾虑，享受当下——饿就吃、困就睡、玩就乐，你和狗都会更加身心平衡。

怎么做？

正确喂食、合理照料，消除无谓的担忧，和狗一起多散步、多运动。

◆ 毫无节制的互动会让生活被狗支配

"你有很多家人朋友，而狗只有你。"你是不是被这句话感动过？因此，很多人觉得只要养了狗，除了沉甸甸的责任，还有义务给予狗非常多的陪伴。这绝对是正确的养狗观念，但在如何进行陪伴这件事情上，千万不要形成毫无节制地互动的坏习惯。

我接到过一个纠正案例，对象是一只棕色的成年拉布拉多。主人不在家的时候，它自己能好好地休息不捣乱。可只要主人在家，不管主人是在吃饭、看电视，还是在工作、休息，它都会端正地站在她身边，对着她不断吠叫。当吠叫没有得到回应的时候，它会叼来玩具扔到主人脚边。如果主人仍然不理会它，它就会去洗手间或者卧室，叼出来袜子、头箍、饰品等各种物品，直到主人生气地想抢回物品，它的目的就达成了——追逐游戏开始了。

刚开始的时候，主人只是习惯性地关注狗，只要它凑过来、靠近了，就会跟它说话并抚摸它。当狗学会和主人玩玩具之后，只要狗拿玩具过来，主人就会觉得："小家伙好聪明哦，我来陪你玩吧。"然后一次次地回应狗玩耍的要求，当然，这个过程中主人和狗都获得了快乐。当主人没空的时候，坚定的主人会拒绝狗的玩耍需求，而迁就狗的主人则会放下手头的事情来配合狗玩耍。

但是生活当中总会有不能停下来陪它玩耍的时刻，例如正在和客户通一个非常重要的电话，这时候狗发现吠叫无效、丢玩具无效，它在焦虑亢奋的情绪支配下可能会叼起附近的其他物品，如拖鞋。这时候很多主人就着急起来了，一边讲着电话一边一脸烦躁地去抢狗嘴巴里的拖鞋。这一举动给狗打开了一扇新世界的大门——原来主人不爱玩玩具，爱玩其他平时不能咬的东西呀！

于是就有了这个案例的最终结果，只要你不给狗回应，它就会去叼让你更为着急的东西，只要不停地更换，一定能找到你不想它咬的东西，直到你就范。

狗绝对不可能一两天就变成这样，但只要每天不断地摸索如何让主人陪它玩，而主人一次次地回应了，聪明的狗就能习得这样"聪明"的玩法。

想主人陪着玩耍，拿了玩具在旁边吠叫的狗

想要避免这种情况的发生，我们要明白并不是狗提需求我们就得回应。家中有小孩的主人都知道，不是小孩说要买玩具就要买。学会拒绝狗是我们作为一个狗主人的必修课。当狗对着我们吠叫提要求，或者叼过来玩具让我们玩的时候，我们只需要平静地站起来，把它驱赶到它自己的窝里面休息就可以了。当狗知道主人会坚定地拒绝自己的要求，并服从主人的引导进窝休息后，它就不会坚持不懈地提要求了。这并不是说不能与狗玩耍，本章的第六节介绍过如何正确地与狗玩耍。请一定要记住，游戏应该由我们发起，也由我们终结。

◆ 没有界线感的亲近会引发攻击行为

狗之所以能成为人类喜爱的宠物之一，是因为狗喜欢与人亲近。我们都喜欢抱着毛茸茸、暖烘烘的狗，特别是贵宾、比熊、吉娃娃、博美这类小型犬。主人在刷手机、看电视的时候，狗可以被主人抱在腿上；睡觉的时候，狗不但能睡在主人的房间里，甚至可以睡在主人的被窝里和枕头上。

狗和你睡在床上，就是和你共同占有这个领地

有一种攻击案例，每次说出来都会让很多人觉得惊讶，但也有很多主人会感同身受，那就是："我家狗不让男主人碰我。"

通常这种攻击型案例里都有一只可爱的小型犬，一个很黏它的女主人，和一个对它没有太多感觉或者害怕它的男主人。女主人在沙发上抱着狗，或者先和狗在床上睡觉时，只要男主人靠近或触碰女主人，狗就会发出吠叫警告，甚至冲上去驱赶攻击。

有人认为这是狗在"吃醋"，也有人认为狗是在"护主"。这些理解都不算错，但都不够准确。对狗而言，它确实是在做保护行为，但它守护的是"自己的所有物和领地"。

正是女主人长时间将狗抱在身上的行为，令狗习惯一直用自己的身体"占有"女主人的身体及共同坐着的"领地"，床更是一个明显的独立地盘。当女主人和狗在一起的时候，狗就会自然地进入这种保护状态，任何入侵它的领地，以及试图接触侵犯它的所有物（主人）的人都会被它攻击。其实不单是男主人，狗同样会对其他靠近的人发起驱赶攻击。

一只多次攻击准备上床休息的男主人的狗

当我靠近床边的时候，狗马上警觉地站起来盯着我

如果你看过一群狗相处，你会发现狗们即使在一起睡觉，彼此都会保持一定的距离，它们不会你压着我、我压着你睡。因为狗是领地意识很强的动物，它们占有各自的领地，也不希望自己的身体随时被其他狗侵犯和支配。但主人和狗长期拥抱贴近的行为，让它认为主人"希望被自己支配身体"，因此便引发出狗强烈的保护攻击行为。

明白了狗之间相处需要有各自的空间领地、互相尊重的距离，那么我们就应该从幼犬期开始，与狗形成正确的相处规范。与狗相伴的时候，不要一直让狗坐在我们身体上或者压着我们的脚休息，也不要让它躲在我们的椅子底下或床底。应该让它和我们有一定距离，让它能在我们身边平静休息，又不会被激发出保护行为。

狗完全支配主人的身体，保护欲最强　　　狗占有着主人的肢体，容易产生保护行为　　　狗躲在"洞穴"里，会因缺乏安全感而产生攻击行为　　　狗能独处，没有保护主人的欲望

　　有人会说，我养狗还不能抱吗？那养它干什么呢！其实不是不能抱，我当然也会抱我家的狗，但要记住两个原则：第一，人是主动方，需要我们主动要求它过来拥抱，而不是它扑到我们身上，我们就抱起来做回应；第二，不要长时间黏在一起，狗必须有独处的时间。

怎么做？

不要长时间抱狗，彼此之间需要有一定的距离，狗应该有自己的窝，主人是主动的一方。

　　现在你明白了，没有节制的爱，会切实地对狗和人造成伤害，因此，切勿以爱之名，行折磨之实。

本节小书签

1. 宠爱有度，才是真爱，溺爱便是伤害。

2. 在家中至少有一半时间完全忽略狗。

3. 能坚定地拒绝狗的不合理要求。

4. 一定要有狗不能逾越的空间和界线。

第九天
为出门散步做好随行训练

上一节内容有的主人可以跳过不读，但本节内容对人和狗的生活都较重要，值得反复阅读。

◆ 现实中总是狗遛人

　　出于职业习惯，我总会特别留意路上的主人和狗的散步状态，许多情景在我的脑海里无比地深刻。记得有一次我刚买了个雪糕走在路上，看到一个人牵着一只金毛在马路边上走，我们有一段路几乎是同行的。那个主人全程都非常地生气暴躁，因为那只金毛随行得实在太糟糕了，不断违逆主人的意愿，总是朝绳子牵引的另一头使力。主人也毫不示弱，手臂猛拽、眼带愤怒、口中咒骂不停。我当时很想过去跟他说该怎么办，但是没敢。因为我明显感觉到，他觉得烦躁和没面子，如果我再以一个"应该这么做"的态度去跟他沟通，即使是善意的帮助，他也可能会恼羞成怒。

　　另一位主人养了两只体形巨大的阿拉斯加，每次出门的时候用伸缩绳同时牵着两只狗。狗一下楼就往外冲，主人就把伸缩绳的功能发挥到极致——直接放长，于是狗就撒了欢地冲。但绳子长度有限，放到了尽头的时候，两只狗使劲一拉，主人只能跟着一个跟跄，不摔倒已经算是万幸。

　　还有一只拉布拉多，它肌肉结实、精力旺盛，出门的时候可以乖乖地在门前等着主人发号施令。但是只要主人告诉它可以走，它就会像离弦的箭一样往楼梯下冲，主人也只得跟着狂奔下楼。还好主人年轻力壮、反应迅速，不然分分钟一脚踩空被拖着滚下楼。

　　到了户外，环境就复杂多了，有猫，有狗，有老人，有小孩，狗自身的情况就更多变了。有

用伸缩绳牵大狗被拉到快跌倒

的主人说狗特别喜欢快递小哥，只要快递小哥的车子开过就想去追；有的主人说自己的狗特别讨厌保安叔叔，只要看到穿着保安服装的人就吠个不停；有的主人说他家狗特别讨厌泰迪，面对其他狗时毫无反应，但只要看到泰迪就恨不得过去咬对方；有的主人说他的狗只对母犬有兴趣，看到就想冲过去一起玩，对公犬毫无兴趣；有的主人特别害怕碰到小孩，因为他家的狗最喜欢扑小孩；有的主人则害怕其他的狗，因为完全控制不

狗追车，主人提心吊胆

住自己的狗对其他狗疯狂地吠叫；有的主人说他的狗特别害怕金毛，因为它曾经被金毛咬伤过。这些主人会远远地看到这些人或狗时，就带着自己的狗扭头走开。

　　散个步而已，主人反而被各种状况搞得心烦气躁、惴惴不安、惊恐万分，实在是让我觉得科学养宠的知识传播工作没有做到位。

◆ 狗多大可以外出？

　　如果希望狗外出随行有良好的状态，能听话地跟随在自己的身旁，那么从幼犬期开始就应该让狗适应绳子的引导，以及学习正确随行的方式。那狗到家多久后才能出门呢？其实当你把新生的狗带回家的时候，它就已经准备好出门了。狗并不会去考虑疫苗、传染病这些事，只要成长过程中行动能力变得越来越好，它们就会想到户外去探索和玩耍。

　　而我们确实需要注意狗刚到家时的身体状况，以及在户外被传染疾病的风险。因此对于刚带回家的狗，建议在两周后，一切正常才尝试带它外出。而在疫苗尚未打完的情况下带狗外出，则一定注意尽量去狗比较少的地方，也不要让你的狗到处嗅闻别的狗的排泄物，应带它到干净空旷的地方散步，而不是直接让它冲到草丛中去。如果家中有小院子或者天台，也是很适合带狗去散步的，这样安全性会更高一些。请记住，新生的狗在完全接种疫苗之前，它的免疫系统是没有完全发挥作用的，主人一定要采取必要的预防措施确保狗健康成长。学习各种规矩很重要，但健康永远是第一位的。

◆ 超八成狗遛人案例是因为主人选用了胸背带

　　在宠物行为纠正训练案例中，超过八成的狗在散步时狂冲乱拉都是因为主人使用了胸背带。每一次客户说："我的狗出门非常不乖，拉都拉不住。"我会第一时间问客户是否使用了胸背带牵狗。胸背带原

本是给拉雪橇或者货车的狗佩戴的道具，目的是"尽量减少狗身体承受的负担，以便它用最大的力气拉雪橇或者货车"。将这句话里的"雪橇"用"主人"一替换，那就变成了"尽量减少狗身体承受的负担，以便它用最大的力气拉主人"。你给了它一个最适合用力拉扯的道具，然后说拉不住它，作为一条狗，真的会觉得很无辜。

那么问题来了，为什么那么多人喜欢用胸背带牵狗？"项圈不靠谱，胸背带够牢固。""项圈那么单薄，狗一用力就挣脱了，胸背带可以把它整个身体都绑住，能让我更好地控制住它。"确实有不少狗挣脱过项圈，因为当狗和主人拉扯的时候，主人以为用蛮力就一定能拉赢狗，结果却被它挣脱。这样的体验只要有一次就能够让主人记住一辈子，出于对可能拉不住自己的狗的担忧，主人就会选择一条能紧绑住狗的绳子，那么市面上最具这种暗示的牵引绳就是胸背带了。

胸背带会勒紧狗，狗会用力拉扯

最容易让你下决心选择一个产品的就是"很多人都在用"。那么多人都在用胸背带，那胸背带肯定就是最好用的牵引绳，出于这样的心态，很多主人会优先考虑胸背带。"你养的是大型犬，你觉得项圈拉得住它吗？肯定要用更好用力的胸背带啊！""你实在拉不住的时候，还能一把提起它，用项圈提起来就要勒断脖子啦！"经过这样的推销，你肯定认为胸背带更好用力，更拉得住自己的大型犬。其实这也不算说错，胸背带确实是更好用力——对狗而言。

胸背带造型多，写上"执勤"，看起来就会很帅气；写上"我很乖不咬人"，就显得狗和主人都很有教养；写上"总有刁民想害朕"或者"拆迁大队长"，就能显示出主人幽默风趣、个性十足。一个小项圈挂在脖子上还被毛给遮住了，什么都看不到，这种都不能展示个性。

胸背带作为一个专门让狗拉扯的道具，为什么很难让狗正确随行呢？当你向一个方向拉牵引绳的时候，绳子引导方向的力量分散到胸背带的各处，无法正确将方向信息传递给狗，所以狗不能理解到主人的提示和意图。当主人发现我轻轻提示并没有什么用的时候，就会更用力地拉它，而这用力的一拉会让狗感觉到非常大的压力，于是自然而然地产生与其对抗的条件反射。于是，四条腿的很多时候就拉赢了两条腿的，它心情畅快地拉着你走了，并最终建立起自己可以用尽全力拉扯主人的行为模式。所以我给的建议是，这条胸背带，你以后都不要用了。

胸背带确实有很多好看的款式

项圈不背"折磨"的锅

　　很多主人出于心疼狗而使用不会勒到脖子的胸背带，因为当狗用力向前拉扯项圈的时候，气管会被勒住，它会发出气管受到刺激的咳嗽声。其实这个锅项圈真的不能背。项圈本身并不会给狗带来痛苦，因为正确佩戴项圈，在固定好项圈的扣子之后，能在狗脖子和项圈之间轻松放入两根手指。给狗带来痛苦的是主人没有教会狗在行走时不拉扯牵引绳。只要教会狗正确的走路方式，人和狗就可以协调地走在一起。绳子始终在放松状态（弯曲而非紧绷），项圈和脖子之间就不会发生强烈的摩擦，狗自然是最轻松的。

　　使用项圈或者P绳，并保持放松的状态，在提示狗的时候，方向和指示足够清晰，牵引的时候控制好力量，放松的狗也不会被拉扯到。

P绳放松，狗脖子的位置就会感到轻松

右手握绳，狗在右侧，q字形套进头

左手握绳，狗在左侧，将 P 绳套在头上

项圈或者 P 绳应该在脖子的上部

项圈或者 P 绳在脖子下部对引导狗效果不好

◆ 保持正确的姿态和情绪

　　既然我们希望不要狗遛人，希望狗能平静地跟在我们后面，那么我们就要让自己成为狗信任的、愿意跟随的领导者。想做到这一点，最重要的是保证自己的行走姿态和情绪正确。很多人在遛狗的时候会一直盯着狗，看它什么时候想排便，或者看它想去哪里嗅闻或停留。只要你一直盯着狗，你的行动就会受到狗的影响，不自觉跟随它的行动，很自然地就变成了狗遛人的状态。因此第一个需要改变的行为就是不要盯着狗走路，走路应该看的是路，而不是狗。你有行走的目的地，那么就抬头挺胸正常行走就好了，为什么你和家人、朋友走路的时候可以正常放松，而带着狗的时候就变得那么不自然呢？只有自己的行走姿态变得自然，狗才能自然地跟随你的步伐。

平静放松、自然行走，走路不要盯着狗

　　每次我给主人上随行课，只要看他们遛狗50米左右，我就能看出这位主人是否怕踩到狗。因为怕踩到狗的主人以及他的狗，会有一个非常典型的行走习惯——主人的路走不直，越走越斜，目的是避开狗的脚；而狗通常会贴近主人，在主人双脚前方走路，阻挡主人。在双方的持续"配合"下，他们可以短时间内把直路走成弯的。其实真的不用担心踩到狗，要知道狗是很乐意跟随我们的动物，而正因为你担心踩到狗，不断地斜着走，狗才会因为想紧紧跟着你，而不断靠到你的脚边。保持正常向前走，狗就能正常地跟随在你的身旁向前走。即使真的因为它靠得太近而踩到了它，也不要太担心，狗的脚没有那么脆弱，你穿的也不是铁做的鞋子，它痛了一次之后就知道不能离你的脚那么近，会持续跟你的脚保持一定距离。它知道痛，知道为什么会痛，它并不是傻瓜。

在随行期间，也不要担心狗的嗅闻和排便需求得不到满足。大部分狗在外出的初期就会快速排便，通常一次大的小便和一次大便就是它们真正需要进行的排便行为，而剩下的多次、频繁、少量的排尿都是公犬为了做标记；而持续频繁地到处嗅闻，目的则是寻找猎物、食物，或者了解附近狗的情况。而这两件事都不是随行期间必须做的事情，我们要明确狗在随行期间的主要任务，就是跟随我们平静地行走，一切干扰这个目的的行为我们都可以打断，然后让狗回归平静的随行。否则狗嗅闻一下你停止，做个标记你又停止，它看到小朋友觉得想过去玩你还停止，又变成狗遛人的状态了。

担心踩到狗的随行状态

迁就狗停留的随行状态

情绪稳定是很重要的一点，这个要求是对主人说的，不是对狗。不要看到路上有狗就怕了，急匆匆地拉着狗掉头就跑；不要看到有小朋友跑跳就紧张起来；不要狗有点不听话就烦躁不安。你的一切情绪都会影响你的狗，只有你平静地、若无其事地自然走路，你的狗才能最为轻松自在地随行。每次我遇到一些超级紧张的主人，我都会跟他们谈天说地，聊他们感兴趣的东西，或者聊聊他们家附近有什么好吃的饭店，等他们彻底忘记自己牵着一只狗的时候，他们会突然发现人和狗都走得特别的放松和自然。记住，不要每次带狗外出散步都想着"我是在训练狗",你只是在散步、在欣赏日落、在买奶茶的路上,顺便牵着一只狗而已。

◆ **家中练习随行**

当你还不能带狗外出的时候,在家中就可以让狗练习随行。经常拿出牵引绳,拿出时不要大叫它的名字使它激动,拿出牵引绳不代表一定会出门或者一定会戴上。只有在它平静地坐下等待的时候,才给它戴上,也可以在戴上后给予零食奖励,让它喜欢上牵引绳。

给狗戴上牵引绳之后就可以在家中引导狗练习随行了,刚开始的时候你应该把绳子放长一点,可以面对狗进行引导,通过缓慢的后退步伐以及声音引导,让狗向你走去。只要它能向你走过去,就可以摸摸它给予奖励,也可以适当地给一颗狗粮作为奖励,但是不建议弯腰伸手。反复进行这样的引导,直到它能跟随牵引绳和你的引导持续慢慢行走时,你就可以转过身带着它在家中慢慢走动了。在这个过程中不要操之过急,通常只要两三天的持续练习,狗就会很喜欢跟随你在家中行走了。

① 站立,放长牵引绳引导狗

② 狗走到跟前时,牵引绳仍然放松

③ 奖励狗

如果在牵引绳放长的状态下，狗能持续跟在你身后而不向前冲，那么这个初始训练就是极其成功的，坚持这样的随行关系就可以了，保持这个习惯，直到可以外出随行。但如果狗比较兴奋活泼，或者喜欢往各个方向乱冲，我们就要进行必要的引导改善。

把牵引绳收短一些，人正常站立，手部自然下垂，牵引绳在人与狗之间保持短而不紧的状态。拿好牵引绳之后直接开始行走，如果狗有任何乱冲的状态，快速侧拉一下牵引绳让它回到你的身旁继续行走即可。注意，这个随行训练要晚一些，通常在狗4个月大的时候进行，此时狗比较容易掌握。

站立拿绳，绳短而不紧

狗外冲

将狗侧拉回身边，继续行走

◆ 正确进出门、楼梯、电梯和大堂

只要带狗外出一次，狗就知道外面的世界是多么有趣，每天都会非常渴望外出。因此只要戴上绳子，狗就会不断地想往门外冲。对狗而言，门外是一个新的空间、新的领地，它们希望去了解和探索。如果希望狗外出时能和在家一样平静地跟随，就需要从出门开始让狗保持平静的状态。因此，让狗平静了再出门，是我们必须做好的。出门时先把狗拉到身后，把门打开，如果这时狗往外冲，你就侧拉绳子让它回

到身旁，然后放松手臂。狗可能会再次往门外冲，你需要耐心地再次操作，直到它能平静地停留在你身旁不往门外冲，你才能带它外出。持续进行这样的练习，狗会形成习惯，甚至会在每一道门前都等待你的带领。狗形成了这个习惯后，进出电梯会变得无比轻松，你不用再担心狗会激动得吓到邻居了。同样，在楼梯、大堂等关键出入口，狗都是非常容易兴奋的，保持一致的规则，让狗从出门开始保持平静的状态，它在散步全程都能平静放松。

① 狗在人身后，打开门

② 狗向前冲，侧拉回身边，放松手

③ 狗放松看人，引导它出门

◆ 外出避免乱冲

　　无论你多平静地把狗带到外面，外面世界的精彩纷呈仍然会让狗或好奇或兴奋或害怕。对一只应该生活在大自然里的狗而言，被困在家中一整天，外出放风时的心情是特别兴奋的，同时其旺盛的精力也需要消耗，即使它在家中已经可以平静地跟随你的步伐，到了户外仍然免不了兴奋乱窜。

　　如果你已经做到以上几点——用正确的牵引绳，保持平静自信的散步状态，不迁就狗的行动，正确外出，那么当狗在户外仍然乱冲的时候，以下几个操作还可以帮助你引导狗更为平静地跟随。

　　一开始选择吸引源少的环境——看不到人、看不到狗、看不到车，甚至路边连树和草都没有的空地。在这样一个地方随行，能大幅度降低狗对其他东西的关注度，让它把注意力放在你的身上，这样就能更好地保持它在家中的平静跟随状态。当在这种环境中走得足够好的时候，狗也消耗了一些精力，开始习惯在户外也跟随你的状态，你就可以带它到吸引源更多的地方随行了。

要学会忽略狗的各种吸引源。对于狗来说，花花世界中的吸引源太多了，比如另外一只狗、在奔跑的小孩子、骑着电动车经过的快递小哥……主人要展现出忽略这些吸引源的姿态。其实狗很多时候都是看着主人的，如果主人弱势、敏感、紧张，那么狗就会变得强势去保护主人。相反，主人气定神闲地走过，狗就会觉得"哦，这些都不是事，我也不用紧张"。

在简单的户外环境随行

主人无视复杂的户外环境，平静地带着狗走

180 度转身带着狗走

当狗喜欢到处乱窜的时候，随行的路径和方向要经常进行变化，不要一条路走到底。我经常和狗主人说，路是不会跑掉的，你不用急着走完这条路，狗是目的性很强的动物，如果每天你都是同样的路径、同样的速度，狗熟悉了之后就会带着你走这条路了。这时狗往前冲，你觉得反正也是这么走的，就顺着狗冲的状态被拉扯。正确的处理方式是当狗冲到你前面的时候，你直接原地180度转身，拉着狗往回走。狗发现你怎么走得有点"神经质"，但也只能跟上。以你的体重，只要狗在你身后，你走起来总能拉动它。通过一次次的转向，狗就能明白"不是自己知道怎么走就能怎么走，看主人怎么走才对"。

只要坚持正确的随行方式，及时阻止狗乱冲的行为，狗就能一直保持稳定的随行，这对于消耗狗的精力、提高狗对主人的服从度，都有莫大的好处。而每天至少两次的外出随行，能让狗在户外解决排便问题，消耗多余的精力，身心得到释放，是人狗和谐共处的不二法门。

◆ 如何正确召回狗？

许多人问过我一个问题：为什么我的狗叫不回来？其实原因不外乎几个：它不知道你在叫它回来、它知道但是觉得听指令回来也没什么好处、它极度反感你喊它回来这件事。

各位不妨先想想，我们通常会在什么情况下叫狗回来？当狗在户外草地脱绳撒欢的时候，我们怕它走丢会把它喊回来。"我明明玩得很开心，你却让我回来，我回来你又绑住我，我回来干吗？"当狗想吃地上的东西时，吃东西重要还是回来重要？当狗在房门前撒下一泡尿时，你是不是会大喊一声"过来！""明明知道过去要被你打骂，我还听话地过去？难道我被你打完左边屁股，还要把右边屁股递过去？我傻了吗？"

大部分主人都没有在愉快的情况下训练将狗召回，却总是在出了状况的那一刻，想立马把狗叫回来，召回无效就非常生气。狗每次的记忆都是不愉快的，当然是越来越叫不回来。

召回训练的细节出错，会导致狗不理解也不服从，其中比较典型的错误是口令混淆。很多人把叫狗的名字作为召回狗的指令，但有时我们一生气，也会大吼狗的名字训斥它。所以狗就会产生混淆：主人叫我是不是又要骂我了？另一个错误是口令重复不清。很多人觉得叫一次"回来"它不听不做，于是就多叫几次。当你连续叫了3次"回来"的时候，它真的回来了，你便以为它真的听懂了"回来"的指令，但狗可能理解为"回来回来回来"才是一个完整的指令，之后每次直到你叫了"回来回来回来"，它才慢悠悠地回来。想想也是搞笑，究竟是谁在训练谁呢？

召回时缺乏手势指令，也是狗响应不及时的原因之一。相对于语言指令，狗对手势指令的响应会更迅速。因此在做召回训练的时候，配以特定的、清晰的手势指令更为有效。把零食拿在手中，清楚地展现给狗看，并告诉它过来有零食，这叫引诱。把零食藏起来，当狗按照召回指令回来之后才给它零食，这叫奖励。大部分叫不动的狗，都是因为主人使用了引诱。要是没有食物，主人就叫天天不应叫地地不灵。

明白了上述原因和操作细节，再来看如何正确地进行召回训练。

1. 使用伸缩牵引绳进行训练，初期把绳子的长度控制在2米，对狗发出"过来"的指令。指令只说一遍，然后迅速收起牵引绳，让狗走到你面前，掏出零食奖励它。

2. 反复进行上一步骤，并逐步将绳子的长度从2米延长到5米（大部分伸缩牵引绳都有这么长）。

3. 反复进行上一步骤，直到不拽绳子狗也会乖乖回来，这时可以在室内进行无绳的召回训练。

如果无绳训练不成功，重新给狗戴上伸缩牵引绳，5次之后再进行无绳训练。

① 放长绳子让狗嗅闻

② 轻轻拉一下绳子，召回狗

③ 狗回来后给它奖励

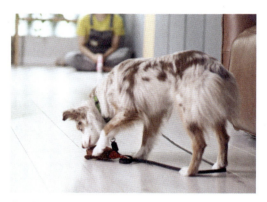

④ 放长绳子，继续练习

在家中练习无绳召回

户外练习有绳召回

户外练习无绳召回

狗会很快掌握"过来"的动作指令，但你需要持续巩固，不要以为成功了一次就一劳永逸。

很多人看过我做的家庭狗行为纠正，只要我一操作，狗就给出了正确的反应，那是不是它以后就不会出问题了？正确的事情就要长期做、大量做、坚持做才有效。懒惰是对自己的不负责，也是对自己饲养的生命不负责。没有叫不回的狗，只有不努力的主人，加油吧，主人们！

带狗外出随行，一定是每位狗主人家中非常重要的事情。我再强调一遍，非常多的行为问题都是没有让狗有正确的、基本的运动造成的，只要每天能稳定规律地带狗外出两三趟，绝大部分狗都能变成乖宝宝。不从根源上解决问题，总是在问题出现的时候想解决问题的表象，知道需要遛狗却总是用各种理由推托，那么就别妄图真正解决问题。还是牵上心爱的狗，一起到户外呼吸新鲜空气、做做运动吧！

本节小书签

1. 用对工具，放松绳子教狗随行。

2. 保持良好的情绪和心态，自然走路，狗才能自然跟随。

3. 不迁就、不焦躁、不生气、不紧张，及时提醒狗。

4. 学习正确的召回方式，保证狗不跑掉。

5. 每天必须坚持遛狗，绝不松懈。

◆ 附：各品种狗运动量详解，你遛对了吗？

很多主人会在年初的时候立很多小目标，要跟狗游山玩水，让狗尝试新奇玩意儿。这些都是进阶的需求，而有些主人连狗最基本的生理需求都满足不了。冲动养狗的人真不少，看着狗可爱就带回家，但一些主人肯定不知道这只鞋一样大的哈士奇，长大后每天需要120分钟左右的运动。曾经有主人询问，为什么她家的哈士奇一出门就特别冲动，拼命地冲，拽都拽不住。一问之下，她一直每周只遛一次狗，狗的放风时间少得可怜，出门肯定要放飞自我。

作为一只狗，它们真的不喜欢待在家！外出时，嗅闻、排便、走走看看，可以有效地舒缓狗的心理压力以及消耗它们的精力。狗如果一直在家，很可能会产生许多行为：拆家、扑人、追人、随意大小便、啃墙、自残等。外面的世界很精彩，它们想出去看看，但很多主人可能会不了解它们要运动多久才会满足。就像蛋挞，一只不到5千克的贵宾，一天要运动60分钟左右才不会老是捣乱。

狗的运动量跟年龄、品种、健康状况有关。生病的狗，特别是关节有问题的狗，最好在医生的指导下进行运动。蛋挞弄伤后腿之后，谨遵医嘱，一天的运动时间降到了30分钟，能不让它跑和跳的地方我就尽量抱着它。

幼犬的骨骼还没成形，过度运动会对它们造成不可逆的伤害。幼犬大部分的锻炼应该是自由探索，如果它累了，走路一跛一跛地，或者拒绝走路，就不要再跟它疯玩了。对于老年犬来说，它们走路的姿势可能因关节问题而僵硬，但运动仍然是其日常生活中至关重要的一部分，建议运动量减少20%~30%。如果不运动，关节更容易坏。

有些主人听说小型犬的运动量小，但养了之后发现并不是想象的那样，就算是一只迷你雪纳瑞，一天都能折腾死主人。不要看有些狗小，它们的品种决定了运动量。

（PS：以下狗的运动量，仅适用于成犬，不应用于幼犬和老年犬）

什么狗需要较大运动量？狗的运动需求与祖先的工作有关，工作犬、狩猎犬或牧羊犬都需要高运动量。

狩猎犬组：可卡犬、金毛、拉布拉多、史宾格犬……

这些狗多年来被用于狩猎或其他野外活动。它们警觉又活跃，每天需要运动60~120分钟。

工作犬组：哈士奇、萨摩耶、秋田犬、罗威纳、拳师犬、杜宾犬、斗牛犬、标准雪纳瑞、巨型雪纳瑞……

工作犬组的狗有出色的耐力，适合长时间行走而不是高强度的爆发运动，每天需要运动60~120分钟。

牧羊犬组：边牧、德牧、柯基、各种牧羊犬、各种牧牛犬……

这些狗都拥有管理其他动物的神奇能力，不好好消耗它们的精力，小心它们把你当羊放。它们不仅需要进行体力运动，还需要进行智力运动，每天需要运动60~120分钟。

梗犬组：迷你雪纳瑞、贝灵顿梗、约克夏、西部高地白梗、杰克罗素梗……

这些狗每天需要运动60~90分钟。

短鼻犬组：八哥犬、北京犬、英斗、法斗、西施犬、波士顿梗、查理士王小猎犬……

因为身体的原因，这些狗的任何活动都应该适度，特别要避免在炎热天气下运动，每天需要运动30分钟左右。

玩具犬组：玩具贵宾、比熊、吉瓦瓦、博美、中国冠毛、马尔济斯、迷你杜宾犬……

这些狗每天需要运动30~60分钟。

每只狗都是不同的个体，你家狗的需求可能跟同品种的另一只狗有差异，你应该在参考此处运动量的基础上进行修正。锻炼不仅仅跟体力运动有关，智力运动也对狗的健康起着重要作用。智力运动可以帮狗消除厌倦、改善情绪，让狗远离心理问题。

第十天
帮助狗适应人类社会

> 送给狗最好的礼物，是社会化训练。

绝大部分人都有这样的共识：不能过分溺爱自己的孩子，不能一直给他们买各种礼物。因为我们都知道，物质奖励从来不是给孩子的最好的礼物，良好的教育与充分的陪伴，才是让孩子身心健康成长的关键。

一个爱狗的主人，会买许多东西来宠爱它。但对狗来说，最好的礼物是帮助它完成应有的社会化训练。

狗从被带回家的那一刻开始，就已经踏入人类社会，暴露在各种环境、人类活动当中。正所谓"三岁定八十"，2~12周是狗最关键的社会化时间。如果不让你去上学学习知识，却在你18岁的时候，告诉你该进入社会赚钱养家了，你肯定会满头问号。狗也一样，从小就将它长时间关闭在家里，长大后的某一天才突然带它出门，还要求它彬彬有礼地对待每一个人和事物，简直就是天方夜谭。

狗会想："什么是彬彬有礼？我觉得随地大小便很正常呀，我们全族狗都是这样做的。"

让狗适应复杂的家庭环境

缺乏社会化训练的狗一般肆意生长，长大后是否乖巧看造化，如果一身毛病，大部分还会被弃养，逃脱不了流浪的悲惨命运。出于这个原因，在美国，美国动物行为兽医师协会（The American Veterinary Society of Animal Behavior，AVSAB）建议主人在狗注射完疫苗之前让它完成社会化训练，狗可以在7~8周时开始社会化训练。在我国尚无清晰的规范，因此狗社会化训练的重任只能落到主人身上。

随着年龄的增长，狗有更多机会遇到各种生物和非生物，让它习惯这些东西的存在十分重要，有助于增强它的安全感，也能够让它在新的生活环境中感到快乐和轻松。社会化并非指单纯的社交，不仅涉及其他人和其他狗，还涉及狗一生中会遇到的事物、环境和状况。帮助狗学会接触和接受新事物，能让主人和它接下来十几年的生活少很多烦恼。如果你没有让狗得到足够的社会化训练，那么在成长过程中，它很容易会对周围的新事物感到恐惧。我们曾经接待过大量社会化训练不足的狗，包括一只两岁的、一出门就吓到大便失禁的柴犬。

出门就失禁的 2 岁柴犬

一只4年没外出过的串串，因为吃得太胖，家人也没法再把它带到外面去。

4 年没出门的串串

一只6岁很高大的大黄狗，看到什么人、听到什么声音都怕，如果旁边工地或者楼上有人装修，它会发慌、狂流口水、坐立不安。千万不要觉得狗怕某些东西就刻意规避，对它进行安抚只会让问题越发严重，正视问题并且让狗尽早适应各种不同的事物是最正确的解决方案。

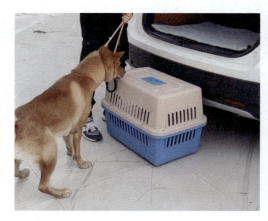
6 岁非常怕车的大黄狗

以下是一只狗在16周前应该接触的一些事物、行为：

人类，不同状态、不同行动方式的人类，包括孩子；

各种狗或者其他动物；

锅碗瓢盆的声音、门铃声、电话声、喇叭声、雷雨声；

楼梯、电梯、草地、水泥地、木板地、井盖、咖啡厅、集市；

湿巾、口罩、伊丽莎白圈、梳子、牙刷、指甲剪、推毛剪、吹风筒；

帮助狗适应复杂的户外环境

吸尘器、扫地机器人、各种车辆；

抚摸、拥抱、检查、抓起、用药；

……

看完这份清单你应该就可以理解，人和动物只是这里面的一小部分。真正全面的社会化涉及狗在生活中会接触到的方方面面。如果狗没有进行过社会化训练，长大之后会对"未知事物"做出不当反应，并逐步养成坏习惯，最终让主人非常头痛，甚至可能会被弃养。

让狗接受新事物并不困难，一件一件地慢慢来，不要一下子掏出十八般武器轮番上阵。在让狗接触新事物时，通过平静、愉快的交流接触，让它意识到"这个东西是无害的"，我们的社会化目的就达成了。如果你在这方面准备充足，狗在成长的过程中就能够很好地适应各种变化，也能与其他动物相处融洽，不害怕新事物，并且乐意让你带着它到处走。

◆ **让狗不害怕陌生人**

狗需要学会善于和人类打交道，而主人则要保证它在成长过程中遇到多数人的经历都是愉快的。对于宠物狗来说，喜欢人类是必需的，这样它们才会对人类友好，喜欢和人类玩耍并且喜欢人类的陪伴。让狗熟悉人类不能通过偶然事件来完成，你能为狗做的其中一件事就是每天安排它和不同的人打交道，并且确保过程愉快。这样能够帮助狗适应新环境，并且能大大减少它日后攻击人类的可能性。

当你安排狗与其他人打交道时，尽量找一些年龄、性格各不相同的人，让狗和这些人一起消磨时间，直到狗能和他们开心地互动。仔细观察狗，看它是否与每个人都相处愉快，允许它主动和别人产生互动。在它刚开始还有点害羞的时候，不要强行拖着它或者强迫它到别人面前，同时，也要要求其他人在狗感到焦虑的时候不要探过身去靠近或者直视它。应该让它从一开始的处在陌生人身旁，逐步过渡到可以嗅闻和接触陌生人。你可以为这些陌生人提供一些零食，让他们用来喂狗，或者给他们提供玩具，让他们可以和狗一起玩耍。狗与人类打交道的过程应在你养它之前就开始了，然而事与愿违的是，许多狗在出生后并没有太多机会与陌生人接触。如果狗在陌生人面前很内向，那么就要花更多时间和精力去帮助狗改善这一情况。保证它每周至少与一两个陌生人打交道，直到它开始跟这个人开心主动地嗅闻接触后，才继续让它与更多的陌生人互动。

从蹒跚学步的幼童到学龄期的小孩和青少年，如果他们愿意，可以让他们直接和狗互动。让小孩与它互动，让小孩温柔地抚摸或者抱起它，避免狗激烈地和小孩追跑。让它了解小孩对它没有危害，和小孩之间也没有激烈的游戏。

狗与友善的陌生人接触

让狗和小孩正确接触

狗与陌生人的接触越早越好、越多越好。例如在小区的公共座椅上，用绳牵着狗，让狗安静地待在你的脚旁，和它一起看着小区里各种各样的人经过、交谈、跑动，看着快递小哥和外卖骑手人来车往，就是一次非常好的社会化过程。如果你留意过一些小食店或者便利店养的狗，会发

让狗知道快递小哥也是友好的

现它们对人是少有戒心的，总是懒洋洋地躺着，谁来跟它们说话或者摸它们，它们都不会拒绝，有东西给它们吃就更开心了。我们没有条件为狗开一个临街店铺，但是只要愿意花时间，总能找到愿意与它接触的不同的人。

◆ 与同类社交

幼犬也需要和其他幼犬或者脾气温顺的成犬打交道，这样能增强它的社交能力，它日后遇到其他同类时就不会感到惊慌或者表现粗鲁。可以让幼犬参加一些训练课程和社交班，定期安排你的幼犬与其他狗一起玩耍。允许它们在一起玩耍前，你要确保成犬能够和幼犬愉快相处。在幼犬感到过度疲劳前，请终止它们的玩耍。当它玩耍时，如果它对其他狗做出不良行为，要立刻阻止。同样，你也要保护幼犬，让它避免参与过于激烈的玩耍和受到具有攻击性的狗的伤害。

很多城市都有狗公园，有一些小区的业主也会自发组织狗群聚集，但是新手主人需要注意，如果群体内有社交习惯不好的狗，就不要轻易带你的狗进入狗群，糟糕的互动体验和坏榜样会让狗的社交问题更多。不少主人总以为，只要放狗跟其他狗玩，就能满足它们的社交欲望。无规矩的社交，就是任由一群疯子互相伤害而已。

幼犬狗群社交

如果是社会化良好的狗，让它们一起玩就没有问题，大家都是文明狗，懂得点到即止。但我见过太多社交习惯极差的狗，很多狗不懂得尊重其他狗，一见面就冲到别的狗跟前，一些狗过度兴奋，不停骑跨或者撕咬其他狗。还有过度敏感、过度焦虑的狗，若松开这些狗的绳子，让它们一起玩儿，混乱的场面没有人控制得住，习惯再好的狗都会学坏。

不是在路上随便抓一只狗，就能让它跟自己的狗交朋友的，找体形和运动量相近，而且性格好的狗与你的狗互动最好。若你的狗跟行为不好的狗交往太多，你又不懂得制止和管理的话，则会近朱者赤，近墨者黑。

◆ 适应各种声音

为了避免狗患上噪声恐惧症，它们需要习惯突如其来的巨响，如门铃、雷声、放烟花的声音、喇叭声、开关门所带来的噪声等。解决这个问题最简单的方法是录制并反复在狗的周围播放这些声音，让它发现这些声音出现的时候，并没有带来什么坏事。

播放的音量要控制在狗能接受的范围内，让它们慢慢适应。发出真正的噪声也十分必要（例如突然让手中的不锈钢碟子掉在地上等），但要先从远距离开始，再慢慢让噪声接近狗，让它渐渐学会应对噪声。

门铃声和手机铃声是让狗敏感且反应激烈的两种典型声音，很多狗在听到这两种声音时会狂吠不止，导致主人烦躁地去开门或者根本没法好好打完一个电话。其实狗不是对这两种声音激动，而是对这两种声音发出时你紧张着急的行动激动。声音带动了你的行动，而你的行动激发了它的情绪，因此你可以让它多听这些声音，主动制造相应的情景，并且从容地开门、接电话，让狗习以为常即可。

让狗适应门铃声

打电话，让狗平静地坐在一旁

◆ 变换环境，让狗适应环境

多带狗到不同的环境走走，不要每天只在小区里散步，不要只在草地里走来走去。带狗去不同的地方，走走木板路，踏过沙井盖，爬不同的楼梯，坐不同的电梯，狗才能到哪里都能好好地跟着你。

带狗坐电梯

带它到咖啡厅小坐半天，晚上带它到大排档坐一坐，到人多车多的集市绕一圈……如果你能带它到所有允许宠物狗进入的地方，它很快就会从容地接受这些新奇的环境。当狗再长大一些，你就能毫不费力地带它到更多地方。

带狗到咖啡厅

当狗在新的环境中感到紧张时，你要留意它的表现，并且尝试让它感到舒服、轻松。这也意味着要先让狗远离那些使它感到紧张的东西，然后再慢慢让狗接近。不要催促它——允许它慢慢地接受新事物，并让它明白不需要害怕。使用玩具、游戏和小零食分散它对恐惧源的注意力，鼓励狗克服恐惧。

◆ 适应各种会动的非生物

对于狗来说，一些长得奇怪又会动的东西实在太难以理解了，完全超出了它的认知范围。而且它们奇形怪状，体形忽大忽小，还会发出千万种不同的声音，狗这辈子都没想过会见到这么多恐怖的"怪兽"。不管是家中的扫地机器人，还是会走动的楼梯——手扶电梯，还是各种不同的车辆，甚至是滑板车，都是它们无法理解的东西。

让狗适应这些东西并不困难，不要刻意让这些东西突然在它面前动起来，这是惊吓而不是适应。尽量让狗在这些东西不动的时候嗅闻和靠近，例如把小零食放在扫地机器人上，让它主动去吃，然后过一段时间把扫地机器人翻转过来，打开开关，让它发出声音而不走动，最后才让扫地机器人动起来。通过一步步地接触、嗅闻、了解、适应，这个东西动起来的时候狗也就没那么害怕了。

车辆是狗必然会接触的东西，先带狗到停车场走一圈吧，让它发现这里有很多很多这样的庞然大物。再带它到马路边走走，让它看看这些移动的庞然大物，并且让它持续专注于跟随你行走，那么这些静止或者活动的巨物对它来说，都不是需要关注的东西。

让狗接触扫地机器人　　　　　　　　　　　带狗去停车场

◆ 适应各种身体护理物品

　　要把狗照料好，我们得使用各种各样的工具，而这些工具会与它们的身体产生紧密接触。对狗而言，只要是身体之外的所有东西，接触起来都是不舒适的，因此从小让它们适应这些物品尤为重要。

让狗适应剃毛、擦身体、滴耳等护理操作

　　早点让狗适应戴口罩、戴伊丽莎白圈，这样遇到它需要检查或者打疫苗等情况，才能非常安全地处理。让狗习惯被湿巾、毛巾擦拭身体，能方便我们给它做日常护理，让狗适应不同梳子梳毛，以免毛发打结和乱飞。给狗穿上衣服和鞋子，这样冬天的时候给它穿衣服，它就不会挣扎了。牙膏、牙刷要早点给狗使用起来，让它从小就适应刷牙，保持一口好牙，这样就能有好胃口、好身体。吹风筒、磨甲器、指甲钳、推发剪、滴耳液、护毛素，这些身体护理物品都要慢慢让狗了解和接触。只要能做到狗每次与这些东西接触的体验都是良好的，它就不会抗拒，甚至会喜欢上。像蛋挞，我从小给它洗澡吹风，后来每天晚上我给女儿吹头发，它都会跑过来，想让我给它吹几下，因为舒服嘛！

我给女儿吹头发，蛋挞趴上来要吹

◆ 作为一只好狗，就应该适应抚摸和拥抱

　　人类表达好感时，会倾向于使用触摸、握手和拥抱等肢体语言。然而，狗之间除了打架或交配之外，其他时候几乎没有肢体接触。作为宠物的狗需要习惯人类的抚摸，如果你足够温柔、值得信赖和坚持不懈，它很快就能学会享受你的抚摸。

　　而且当狗的身体出现问题需要体检时，让狗习惯被抚摸是十分必要的。与戒心十足或者好斗的狗相比，一只习惯被抚摸、有自制力而且顺从的狗，能更好更快地得到治疗。另外，一些喜欢狗的人经常会理所当然地认为狗是友善的，所以会不经过你同意就直接抚摸你的狗。那么事先给狗上一堂课就非常重要：让狗习惯其他人可能会对它做的事情，那样它能够对别人的抚摸处之泰然，不感到焦虑。

正确抚摸狗的方式

　　开始时慢慢地、牢牢地抱住狗，不要让它挣脱。先轻轻触摸它和轻拍它的背部，然后从头部到前腿再到前爪，或者从腹部开始抚摸，直至它的后腿、尾巴。抚摸的速度要控制在狗能接受的范围内，动作要轻柔、缓慢，先让它习惯一个部位的抚摸，随后再抚摸它身体的其他部位。不同的狗有不同的敏感部位，嘴巴、脚掌、下腹、尾巴、后腿、肛门附近，都可能是某些狗的敏感部位。当你触摸狗的敏感部位时，可以使用零食来转移它的注意力。当狗感受到被抚摸的舒适，并得到奖励之后，它就会知道人类对它的抚摸是友善的、舒适的。尝过甜头之后，你再伸手过去，它就会摊开肚皮向你表示："来吧！"

当你要抱起狗时，把一只手放在它的胸前，托起它的身体，另外一只手可以放在它的后腿下，承接它的重量。抱它前，你要蹲下来与它保持同一高度，当它的脚离开地面时，立刻把它抱到怀里，让它有安全感。如果狗在你抱着它时显得非常兴奋，不停扭动想挣脱，甚至撕咬和变得具有攻击性，放慢速度，甚至停下来，让它自行冷静。尝试用狗不能挣脱且不能伤害你的方法抱着它，但不要抱得太紧，当狗放松后就可以把它放下来，并奖励它零食。

3 种错误的抱狗方式，会让狗觉得不安稳

正确抱起狗的方式，让狗四脚朝下被抱起

◆ 让狗适应身体检查

提前让狗适应兽医式的检查非常重要，这样当它真正需要治疗时，就不会挣脱或者拒绝检查。

如果狗已经习惯了你的抚摸，你就可以像兽医那样为它进行检查，为以后做好准备。为此，你需要训练它接受更加密集的抚摸。刚开始时，你可以用它熟悉的轻抚让它放松。检查狗的身体部位，特别留意它的耳朵、眼睛、牙齿、嘴、指甲、脚掌和尾巴下方。检查的速度要控制在它可接受的范围内，还要保持动作温柔。

给狗进行嘴巴、耳朵检查

如果狗很抗拒接受某些检查，例如让它张开嘴巴接受牙齿检查，你就需要慢慢来。首先让它稍微张开嘴巴，奖励它足够的零食，同时表扬它，不要用蛮力强迫它。如果它在检查时把头扭开，你可以坚定地扶着它的头，挡住它挣脱的方向，让它无法挣脱。让它的背靠在你的怀里，这样它就不能向后退或者逃走。你越稳固地扶着它的头，它就越容易接受检查。当它开始放松时你就可以松开手了。当你做到这件事之后，不妨让你的家人、朋友来试试，记得提前演示给他们看，这样狗能适应更多陌生人给它进行身体检查。

◆ 让狗适应被突然抓住

如果狗能习惯被一把抓住，某些时候能救它一命。但是如果平时没有这种被突然抓起的经验，敏感或者反应大的狗容易产生条件反射式的攻击行为，扭头就给你的手来一口狠的。为了慢慢降低它的警惕性，要先轻轻地抓住它的颈部和背部。为了防止对它造成伤害，一定不能太用力，也不能猛地抓住它。抓住后等它在悬空的状态下放松不挣扎时，就可以立即把它放下，然后给它零食作为奖励。

让狗适应突然被抓起

通过反复练习，当你再抓它时，它会联想到奖励，你就可以在它注意力不集中时又快又稳地抓住它。如果在路上遇到一只不受控的猛犬想袭击你的狗，或者一辆失控的车向它冲过来，这随手一抓就能救它一命。

◆ 利用高处让狗在平静状态下接触害怕的事物

不要觉得狗恐高很稀奇，这是一种自我保护机制。甚至，我们还得感谢狗的恐高，不然狗可能已经濒危，变成国家保护动物了。如果狗不恐高，爬山的时候它看到悬崖边美丽的风景，不小心跌落，你连反应的时间都没有。到时候，世界未解之谜可能还要增加一个"为什么狗喜欢从高处跳下自杀"。

不要把自己的标准强加给狗。可能这张桌子还不到你的腰部，但对于某些小型犬而言，已经是它身高的两三倍了，怕是肯定的，所以不要怪它在上面怕到腿软。

让狗在高台稳定下来

被放到高处的狗就是一只"岁月静好"的狗。当狗不停吠叫，将它放到高台上或许是纠正它的好机会。如果狗讨厌剪指甲、擦脚、刷牙等，可以尝试把它放在高台上，忙着保持平衡的它，可能就会乖乖任你摆弄。但高台不应该太大，最好是较高的椅子，站立空间小，狗在上面也不会乱跑。有些主人羡慕别人，因为别人家的狗能拍出美美的相片，而自己的狗太疯，怎么拍都是糊的。如果你的狗恐高，把它放到高台上，它就是最美的模特。安静的狗，再加上一个相机，你就能成为专业萌宠摄影师。

前面提到的很多身体接触、护理等，都可以在高台上进行，这样狗会因为恐高而更加稳定，更容易安定下来。至于是利用狗的恐高心理，还是教育它高处也不用怕，就是你自己的决定了。

把狗的社会化放在这一节讲，并不是让你在一天之内就让狗接触完所有的东西，而是希望你意识到，从这一天开始，这件事就是你需要非常重视的事情。你需要动用脑筋换着方式让你的狗接触人类社会当中不同的事物，这也是一个美好的陪伴狗成长的过程。

本节小书签

1. 让狗进行社会化训练，幼犬期是最佳时机。

2. 多引导狗正确接触不同的环境、不同的人、不同的动物、不同的物品。

3. 让狗从小多进行身体接触、护理等。

4. 社会化的内容无穷无尽，见多识广的狗更加淡定。

5. 利用高处让狗在平静状态下接触害怕的事物。

第三部分

问 答 篇

第五章

◆ ◆ ◆ ◆ ◆

CHAPTER FIVE

热门问题与回答

问题1
为什么幼犬有那么多的大便和小便？

回答 吃，是幼犬最强烈的欲望，毕竟幼犬要吸收食物的营养才能长身体。因此幼犬看到能吃不能吃的，都会想吃。而吃得多，自然大小便也多。如果主人长期把大量狗粮放在饭盆里，幼犬的饮食不规律，排便也会不规律，混乱的排便习惯就会让大小便显得更多。

幼犬的身体还在不断地发育，消化系统和排泄系统功能并不完善，也不稳定，稍稍有点消化不好就容易拉稀，有一点点的便意就忍不住会拉出来。幼犬的小膀胱没办法长时间储存尿液，也还没有学会忍耐，有点尿意就随地尿了，甚至刚刚拉完一泡尿还没有两分钟，马上又尿。

而且很多幼犬在激动的时候会尿失禁，碰一下、抱一下可能都会让它直接尿出来。这些问题在幼犬逐渐长大后会有明显的改善。这并不是狗的大便和小便减少了，而是它们学会了忍耐。如果你能有规律地喂食和引导幼犬外出排便，幼犬的排便行为就会更稳定。虽然这时候的它们大便一大坨，尿液也是一大泡，但是只要集中在几次排便中，你就不会觉得很多了。把屎把尿是养娃的必经阶段，养幼犬当然也逃不开，多用点时间和耐心度过这段时期吧。

问题2
它明明在厕所拉过，为什么还是不懂得定点大小便？

回答 很多人不明白，做过和必然会做，是两个完全不同的概念。当你说出"它在厕所拉过"，那就证明"它在其他地方也拉过"，发生在厕所的那几次可能只是偶然，它偶然出现这个行为，并不代表它是刻意而为的，没有进行持续的正确引导，狗不会觉得这件事"非做不可"。千万不要以为它曾经在厕所排便就万事大吉了，在幼犬期细心、耐心、正确地引导它们养成良好的排便习惯，不能有半点偷懒和侥幸。不妨回想一下，所有你会做的事情，都是做一次就必然能做到和坚持下来的吗？"明明知道上班要准时，为什么总是迟到呢？"有一些问题，你去问"明明"，可能他也回答不上来。

问题3
幼犬多大可以开始训练？

回答 通常狗的一生只有10多年，幼犬期也只有短短的1年左右，要是主人忘记在幼犬期做该做的事情，可能会错过"一个亿"。狗的幼犬期和人的青少年期一样，都是学习的黄金时期，狗在这时候学到的东西会让它受用一生。狗在幼犬期的遭遇，还会改变它一生的习惯。比如一些狗在小时候遭遇男性的殴打，长大后会厌恶一切男性，看到他们就会龇牙吼叫。俗话说，三岁定八十，主人可不要错过这个教导狗的最佳时期。

狗能从什么时候开始训练？2周大的时候就能开始了！2~16周大的狗可以进行社会化训练。有人说，2周大的狗毛都没长齐就开始训练，这不是虐狗吗？狗在2周大的时候，就开始探索了解这个世界了，这时狗对世界的印象，会影响它以后的性格。从这个时候开始，让它接触不同的东西，就算是社会化了。狗在这段时间里，要尽可能多地接触人、狗、车，以及各种日常物品和声音。如果狗在接触的过程中有较好的体验，那它以后看到这些事物时就不会产生过激行为。一些狗就是缺少社会化训练，才会看到陌生人就叫个不停。狗见识得更多，长大后才更不容易因为接触新事物而惊慌。宠物医生建议，在狗注射完疫苗后再带它出门，所以一开始可以让狗多接触家里的东西，或者让其他人和狗到家里来玩儿，等到狗能出门时，再慢慢让它接触外面的东西。

2~5个月大的狗可以进行基础训练。2个月大的狗已经能跑能跳，能在家捣乱了。要是不想让狗变成"混世魔王"，这时就可以开始训练它。首先从最让主人头痛的定点大小便开始，先解决狗排便的问题。其中可以穿插简单的坐下、等待之类的训练。幼犬都比较贪吃，只要你手上有食物，它们都会乖乖听话。而且这时候的它们，学习能力是最强的，一般教几次就能学会。用食物训练的话，不建议给太多零食，主人可以抓几颗狗粮当成奖励，避免狗吃太多零食拉稀。

6~8个月大的狗可以继续进行基础训练，特殊的狗可以开始小强度训练。一般狗在整个幼犬期，能把基础训练完成就不错了。而一些工作犬或者要参加敏捷比赛的狗，在这个阶段可以开始小强度的训练，以及进行进阶的服从训练。这时的狗骨骼发育还不完全，千万不能有强度较大的跑跳训练，否则很容易让它们患上关节疾病。

8~12个月大的狗可以进行更专业的训练。工作犬和赛犬们可以进行专业障碍物训练，强度也可以比以前大。

请记住不想让狗做的事情，就一定不要让它有苗头，一旦有就立刻制止，日常互动就是最重要的训练。

问题4
我能和狗说话吗？它听得懂吗？

回答 先回答后一个问题，狗听不懂。狗能听得懂一些你日常和它多次互动发生的行为所关联的声音指令。这句话听起来有点拗口，我这么解释你就能明白——每次让它握手时都说"握手"这个词，之后它能听懂，会配合你握手；每次你跟它说"开饭了"，然后就去准备狗粮，它就知道"开饭了"代表有狗粮吃。这些都是通过行动本身，让狗关联对应的声音，并做出相应的反应。从这个维度上，你可以认为狗"听懂了"。但是如果和狗说更长的话，那就不一样了。例如你跟它说："今天妈妈上班比较晚，早上多给你放点狗粮，晚上我如果很晚才回来，你也不会饿着的，在家里要乖哦。"它要是能听懂就怪了，事实上你把狗粮放多了，它也不一定会留到晚上吃，贪吃的狗可能在你离家后的一分钟内就全吃光了。狗听不懂你说的与人沟通的话语，因为它是一只正常的狗。那么再回答前一个问题，你当然可以和狗说话，只不过你最好知道它听不懂，不要对它能听懂、能理解、能做到你跟它说的事情抱有过高的期望。

在我郁闷的时候，在我有一些心里话无处倾诉的时候，我会和我的狗说话，我当然知道它听不懂，但是它会安静地躺在我旁边，偶尔抬头看看我，仿佛知道我难过，这也是很多人喜欢狗的原因之一——毫无心机、坦荡互信的伙伴。当我这么做的时候，我的心情确实会变好，而我也知道我只是把它当作一个温暖的树洞。

我也遇到过非常多的主人喜欢一直跟狗说话，这其实会造成很多行为问题，最容易引发的就是狗对主人的分离焦虑。主人总是不断地关注狗、对着狗说话，它们就会不断地给予主人关注和回应，这会让它们持续得不到放松，从而引发比较严重的分离焦虑。通常无论我和这种主人说多少遍狗听不懂，他们都会依然故我，做什么事都和狗说，其实这更多是满足主人自身的倾诉需求吧。我非常建议此类主人减少和狗说话的次数，以减少人狗双方的焦虑情绪。

问题5
为什么狗听他的话，却不听我的话？

回答 我前面说过，狗是分阶级的，有地位高低之分。因此，如果狗听他的话而不听你的话，那么多半是因为在狗眼中，他的地位比狗高，狗的地位比你高。问这个问题的人，通常都是家中最疼爱狗的人。而通常家中对狗比较严厉，甚至是平时不怎么理会它的人，它反而会更听他的话。这也从侧面告诉了大家，单纯的疼爱、迁就、溺爱，是换不来一只顺从的狗的。绝大部分的狗天生就需要有可信、可靠、坚定的领袖来管理它的行为。如果你只是一味地疼爱迁就，狗就觉得它可以管理你的行为，自然而然你的地位就比它低。而家中另一位经常不让它进房间，回家不让它扑到自己身上，吃饭不让它靠过来的人，在狗眼中则是一个神圣不可侵犯、有规则有界线、有自己领地的狠角色，它会乖乖地顺从他。因此如果你感到狗听别人的话而不听你的话，就证明在日常相处的很多细节当中，你都不能真正成为它的领导者，那就从所有的细节开始做出改变吧！

问题6
它那么小，咬我也不痛，真的需要那么严格吗？

回答 它那么小，排便也不多，真的要让它定点大小便吗？它那么小，吠叫声也不大，不能让它多叫叫吗？它那么小，扑人也不会不舒服，扑一下大家都开心一下也不可以吗？坏习惯从小不纠正，长大才想改变就晚了。我一直建议每一位主人在养狗之前就要多看多学，目的就是让大家有所准备，从苗头阻止坏行为，让狗从幼犬期开始建立可以一生受用的好习惯。而坏习惯则是可以快速形成的，一次简单的护食龇牙，后面可能就会迅速变成直接护食咬人。而且狗是一种很会试探底线的聪明动物，如果你的要求是60分，它是不会主动做到80分以上的，它会不断地试探做到59分你是否接受，如果接受，它下次直接从59分的程度开始往下再试探。得寸进尺不是人类的专利，因此一些在幼犬期看来无伤大雅的问题，最好还是需要严格地规范和要求。

问题7
很多人说狗做错事打一顿就好了，真的要打吗？

回答 真的有很多人是试图通过打狗来解决困扰的。如果在购物网站搜索"打狗棒"，你会发现很多店铺的打狗棒都能月销三四万件，当然买打狗棒的狗主人不会拿它抓痒痒。由此可见，很多人认为打狗是有用的。

在网络上，不管是在讨论狗调皮、有攻击问题等行为问题的内容下，还是一些科学养宠、驯犬等专业知识的内容讲解下，都能看到非常多的留言，诸如"这狗打一顿就好了，一顿不够就再来一顿""主人家里没有拖鞋吗？我借你啊！"可以看出，宣扬打狗或劝说其他人通过打狗解决问题的风气极盛。

再加上狗确实做了一些让人特别生气的事情，主人打一下来教训它，希望它停止错误的行为，是人在生气时非常自然的反应。但即使在气头上，很多主人还是很疼爱自己的狗，只是作势要打，或者只是打得它有一点点小疼，并不会真正对狗造成实质伤害，我们可以理解为这是"打轻了"。有的狗觉得这种行为对它并没有造成任何伤害，因此完全不会觉得害怕，而且还会觉得主人这种激动又奇怪的行为很有趣，很好玩。于是教训狗变成主人作势要打，它就逃跑，主人打它的动作结束了，它又扑上来跟主人玩。主人认为是打它、吓它，而它认为这是一种游戏模式，所以，这样打它们是没用的。

还有一些主人，确实被狗的行为弄得很生气，也听从了一些人的建议，认为是"打得不够狠"，怒气攻心之时就拿着棍子下狠劲儿打。在狗被打的当下，它感受到了伤害和疼痛，有的狗会立即停止错误行为，但是有的狗还会再犯，于是主人就更生气，打得更狠了。主人一次次地打，而狗则一次次地再犯。如果打狗真的有用，一次就应该生效了，不应该打了十几次，狗还老是出同样的问题。但若主人除了打也别无他法，此时的打狗行为，则更多的是为了发泄自己的愤怒，是对自己管理无能的一种情绪转移。

最严重的情况是，不管主人下手时是轻还是重，狗确确实实非常害怕恐惧，有的狗会变得非常害怕打它的人，有的会变得害怕所有人，对主人和陌生人都不信任，整天生活得战战兢兢，看见人就躲起来。而一些性格敏感、倔强的狗会奋起反抗。当它看到主人拿起打它的东西，或者主人有任何生气的表情、语气时，它会先发起自保式的攻击，希望以此减少伤害。在我们接触的非常多的攻击案例中，有超过90%的攻击咬人行为都是因为狗被打而引发的，而打它的正是它的主人。

我们当然想养一只乖乖的狗，但是我们必须接受狗就是一只动物的事实，它有它的特点和性格，以及它的成长历程。而当我们觉得狗"不乖"的时候，如果试图通过简单粗暴的打几顿来解决问题，那么继续发展下去可能就会出现上述列举的几种情况。究竟是耐心找到问题的根源，用正确的方法引导和改变狗的行为问题，还是简单粗暴地打狗泄愤，相信每位主人心中都有答案。

问题8
狗知道错吗？为什么知错不改？

回答 各位主人有没有训斥过狗呢？每当狗拆家，把家里搞得一片狼藉，或者把你的衣服、鞋子叼出来当玩具时，总会让你气到爆炸。这时你会发现，如果自己透露出了"杀气"，或拿起拖鞋说它几句，它立即会从一脸懵变成一脸委屈，仿佛知道自己做了错事一样。然而问题是，狗真的知道自己做错了什么，并感到内疚吗？还是说只是看到主人生气，装可怜博取同情呢？

根据情绪可以分为两类：简单的和复杂的。

简单的情绪是很多动物都有的，比如幸福与恐惧。研究表明，狗是有这些简单情绪的，当它们与主人玩耍时，体内会产生一种叫催产素的物质，这能够给狗幸福感。同时，遇到陌生人，或者听到噪声的时候，有的狗会陷入恐惧。不过，目前并没有明确的证据表明狗拥有自负、自卑、内疚等复杂情绪，因此当我们训斥狗的时候，它未必会感到内疚。狗那些委屈的表情可能只是对主人生气的回应，它并不知道自己做错了什么。

亚历山德拉·霍罗威茨（Alexandra Horowitz）在2009年做的一项关于行为过程的研究中，她让几位主人在离开房间之前，先大声阻止狗吃狗粮，原本这些狗一部分正在吃狗粮，另一部分则只是乖乖地站在狗粮面前。结果发现，无论狗有没有在吃狗粮，被主人训斥的时候，它们的行为都是一致的，都会表现出一副做错事的表情甚至停止进食。但也有一些研究表明，狗可能知道自己的行为会使主人不开心，不过之后的行为、表情都是为了平复主人的怒气，是一种顺从的表现。

动物行为学家内森·H.兰兹（Nathan H. Lents）曾在《今日心理学》里说过，狼群在惩罚其中一头狼时，通常会一起无视它、孤立它。而狼是群居动物，被孤立的狼会想尽办法回到群体中，这时它会做出顺从的肢体语言，而狗身上也出现了狼的这一特性。到了现在，狗也不愿看到主人生气，害怕主人孤立它，因此会做出顺从的表情，也就是一脸委屈知错的样子。

不过，我们与狗无法交流，所以很难真正知道它们的情绪与行为的意义。但不管狗是否真的会内疚，当它委屈可怜地靠近我们时，要么是在为它的行为道歉，要么只是在躲避主人的惩罚。

而狗知道错了但就是不改这个问题，我觉得还真不能怪它们。

受到天性的影响，狗去翻垃圾桶是因为那里面有太多气味，它想尝一尝、试一试。想要狗自发地去改，我们就要给它一个更有吸引力的选择。例如明天有重要工作，所以你需要今晚早点睡，养足精神，那你今晚还会玩手机吗？有更好的选择，你才会改掉错误的习惯。

所以，要让狗不去翻垃圾桶，你就要让它明白，它不翻垃圾桶就能得到更多的好东西。因此，在改不改错这件事情上，还有个东西叫选择，要让狗选择对的事情，我们要为此而努力，而不是让狗自己去想怎么改。我们人类都很难做到的事情，却要求它们做到，是不是有点为难它们？

问题9
狗拒绝牵引绳怎么办？怎样让狗正确接受牵引绳？

回答 狗和人一样，都需要一个过渡期来适应一样新事物。牵引绳对狗来说，是它们的生命绳，就算狗刚开始表达拒绝，也要想办法让它们接受和适应。

狗第一次使用牵引绳，身上会有被束缚的感觉，它们会以为是被敌人压制住了，吓得不敢动。所以第一次给狗使用牵引绳，可以提前让它看一看、闻一闻，熟悉牵引绳的气味，然后奖励它零食，让它产生积极联想。几次之后，让它在家里戴上牵引绳自由行走。等狗习惯戴着牵引绳走动之后，再拿起牵引绳，让牵引绳保持在较长、放松的状态，吸引它向你靠近。每次它靠近，就给予它奖励和鼓励，并且持续缓慢地拉着牵引绳继续走动，切勿操之过急。

如果每次你拉紧牵引绳的时候，狗都非常抗拒地向后退或者挣扎、啃咬牵引绳，这时注意，千万不要因为担心勒到它们而放松牵引绳，否则它们会认为只要一拒绝，牵引绳就必然会放松。

不要将绳子系于狗脖子上方，吊着狗

你应该把牵引绳调整到狗的脖子下方，然后持续地绷直牵引绳，让狗持续抗拒但不放松，你会发现它们很快会放弃抵抗，向前迈步。只要它们一迈步，你就马上放松牵引绳。通过反复操作，狗就会明白只有好好跟随牵引绳的引导才能保持舒适，这样狗抗拒绳的问题很快能得到解决。

将绳子绕至狗脖子下方来牵引狗

问题10
狗要不要补钙？怎么补？

回答 每个主人都希望自己的狗健康成长，特别是一些大型犬，很多主人会担心它长得太快，骨骼需要的钙质会不够，需要多补钙。其实现在绝大部分正规、品质好的幼犬粮，都能提供幼犬成长所需的营养，只要你给狗选择一款正确的好狗粮，并且正确喂食，持续适量增加狗粮，就能给狗不断补充各种生长发育所需的营养。刻意给狗补钙，添加各种营养品可能会适得其反。也无须给狗熬骨头汤，其实骨头中的钙质不容易被提取出来，100 克大骨汤可能连1毫克钙都没有，当然幼犬也不适合吃容易刮伤肠胃的硬骨头。

问题11
怎样给狗驱虫和打疫苗？

回答 说到驱虫，有些主人可能毫不在乎：我家狗疫苗都没打完，不出门就不用驱虫吧？错了，寄生虫可能不是狗自己去染上的，很可能是主人从外面带回来，或者是狗妈妈通过母乳传染给狗的。不是狗不出门就不需要驱虫，驱虫一定要做，但刚带回家的狗，需要等3~5天身体情况稳定后，再进行首次驱虫。

狗体内驱虫：健康的狗在第一次打疫苗之前，大概3周大时就可以开始体内驱虫，6个月大以前每月体内驱虫一次，6个月大后每3个月体内驱虫一次。

狗体外驱虫：狗第一次体外驱虫一般大约在1个月大的时候进行，可以和打疫苗同时进行。

当然，也不是做好了定期驱虫，就能让狗完全不受寄生虫威胁。如果主人发现驱虫后狗身上还是有寄生虫，记得清洗它们的日常用品，还要进行全家大扫除并消毒，全方位杀死寄生虫。

给狗驱虫的注意事项如下。

1. 在给狗做体内驱虫时，选择在饭前或饭后两小时进行，这时狗是空腹状态，肠胃负担较小。

2. 驱虫之前，一定要看好狗的体重所对应的剂量，千万不要用药过量。

3. 驱虫之后，因为药物的作用狗可能会没有食欲，有些狗甚至会轻微拉稀，这些都是正常反应。

狗身体里的母源抗体，会在差不多8周的时候下降到一个较低的水平，往后到18周会持续降低，这时的狗处于传染病易感的阶段。所以在狗8周大时开始打疫苗，是为了让狗度过长达2个月的易感时期。至于为什么要打那么多次疫苗，是因为打疫苗就是把处理之后的病毒或者一些微生物组织注射到狗体内形成抗体，而狗这时的免疫系统还没成熟，多次打疫苗能够有效刺激它的身体产生足够的抗体。

狗打的疫苗分为核心疫苗和非核心疫苗。核心疫苗用于预防高传染性、高致死率的疾病，是必须要打的疫苗。核心疫苗所有狗都要打，包括犬瘟热病毒疫苗、犬细小病毒疫苗、犬腺病毒疫苗、犬传染性肝炎病毒疫苗和狂犬病病毒疫苗。

非核心疫苗跟地区性流行病有关，针对犬副流感、副流感、钩端螺旋体病等疾病，而钩端螺旋体病是一种人畜共患病，针对它的疫苗是建议要打的疫苗。狗的户外活动增多，导致钩端螺旋体疾病开始流行，这个疫苗也在逐渐演变成核心疫苗。所以，现在一般建议打核心疫苗+钩端二价（俗称6联疫苗），然后补上狂犬病病毒疫苗就够了。下面以默沙东的疫苗为例。

如果是大于2个月的狗打疫苗，一共打3次。

第一次，2联；第二次，4联+钩端二价（俗称的6联）；第三次，4联+钩端二价（俗称的6联）+狂犬病病毒疫苗。

如果是小于2个月的狗打疫苗，一共打4次。

第一次，2联；第二次，2联；第三次，4联+钩端二价（俗称的6联）；第四次，4联+钩端二价（俗称的6联）+狂犬病病毒疫苗。

疫苗打完后不要立刻就走，应观察至少30分钟，看看狗是否有不良反应。

注意，打完最后一次疫苗的4周后，要进行抗体检测。如果发现狗身体里抗体不足，就要考虑用打其他品牌的疫苗，直到狗产生足够的抗体。

提示：默沙东的4联和硕腾的卫佳伍是一样的，都用于预防犬瘟热病毒、犬细小病毒、犬副流感病毒、传染性肝炎病毒、犬腺病毒5种病毒。

驱虫和打疫苗能够给狗全方位的保护。

问题12
跟狗玩不小心被咬出血，要去打针吗？

回答 我经常会被问到："我在什么情况下不小心被自己的狗咬伤到什么程度，要不要打针呢？"

我的建议是，只要是开放性伤口，都要去打针。

如果弄伤的是你一直饲养的宠物狗，那么它有没有每年打狂犬病病毒疫苗，是不是处在不正常的发病状态，我们都是非常清楚的。只要它每年按时打疫苗，在弄伤你的时候不管是不小心，还是因为某些行动产生了攻击等，多数情况下，你的狗是不会在狂犬病发病期内的，所以你不用过分担心。

大部分人咨询我的情况，都是不小心咬到破皮、有牙印、有一点出血……那么被狗弄伤之后，第一时间应该做的是去水龙头下冲水，把伤口清洗干净，大量冲水以及用肥皂清洗干净之后，再进行伤口清创，涂消毒水。

只要是开放性的伤口——破皮、流血，那都应该去打针，不用考虑狗的年龄、多久前给狗打了疫苗等因素，唯一需要考虑的因素就是你的伤口是否是开放性的。是，那就证明你身体的黏膜和狗的唾液有了直接接触，这是有感染疾病的可能性的。

为什么说只要有极其微小的可能就要去打针？因为不能确保狗在弄伤你的时候，100%不在狂犬病发病期内；我们也不能确定，它每年打的狂犬病病毒疫苗让它绝对不存在狂犬病发病的可能。既然我们无法确定所有的环节都100%安全，那么我们就不应该用自己的生命去冒险。而且如果我们不打针，家人肯定会担忧，打针就能让家人不那么担忧，这不是我们应该做的事情吗？

在现在的医疗条件下，我们只要及时地打针，就不会发病。其实打针还有一个重要的作用是让自己安心，不然以后每天吃饭睡觉都要想着，有没有狂犬病病毒潜伏在身体里面，然后每天都会不安，可能还会逐渐患上一种叫恐狂犬症的心理疾病，会固执地认为自己患上了狂犬病，还会出现假的狂犬病的病征。所以，与其被折磨，还不如乖乖去打针求个心安。

问题13
狗能不能喝牛奶？

回答 一个人在外面救了一只狗，带回家后给狗喂了牛奶和其他东西，结果第二天狗就疯狂拉肚子，这种事情是真实存在的，而且每天都可能在发生。一些人对狗的了解比较少，知道的可能仅限于动画片里，狗和猫争着喝牛奶的桥段，所以看到狗后很自然地就给它喂牛奶。

给狗喝牛奶风险可不小，一些狗乳糖不耐受，一些狗对牛奶过敏。这两种情况都可能对狗造成无法挽回的伤害。

狗的乳糖不耐受，跟人是一样的。牛奶里面含有乳糖，要是狗身体里没有足够的酶对乳糖进行分解，乳糖就会不经消化进入肠道，导致狗拉稀。一些狗小时候喝母乳没有问题，但断奶或者成年后，身体里的乳糖酶活性下降，就容易出现乳糖不耐受。如果你家狗乳糖不耐受，喝完牛奶后的12小时里就会出现身体异常，具体表现如下。

1. 拉稀。拉稀是乳糖不耐受最常见的症状。正常狗的排泄物能够凝结成块，但乳糖不耐受的狗的排泄物不能，而且它们会频繁拉稀。

2. 食欲不振。因为肠胃不舒服，狗连吃东西的欲望都没有。可不要以为是它们挑食，而给它们吃肉或其他更香的食物，这样狗吃下去拉稀会更严重。

3. 胀气、放屁。乳糖会在肠道里被微生物发酵，从而产生气体并造成胀气。虽然主人可能看不太出来狗是否胀气，但狗胀气之后会频繁放屁。乳糖不耐受的狗，一段时间内放屁的频率会增加。

狗乳糖不耐受和对牛奶过敏，有很大差别。狗对牛奶过敏，是因为它的身体把牛奶里的某些蛋白质识别为有害物质，免疫系统立刻反应想将该蛋白质驱除或消灭，所以会导致一系列反应。乳糖不耐受通常只会让狗拉稀、肠胃不适，而狗牛奶过敏的症状更加恐怖，如拉稀、呕吐、皮肤发红且瘙痒、脸部肿胀，甚至一些狗会呼吸困难。

狗乳糖不耐受或者牛奶过敏，都会导致拉稀，但区别在于狗牛奶过敏的情况更严重，常常导致皮肤病。要是发现狗拉稀，最好立刻停止喂食牛奶，看看是不是牛奶导致的。而避免狗乳糖不耐受或牛奶过敏的方法，最好就是不要给它们喂牛奶。对于牛奶过敏的狗来说，喝水比喝牛奶健康。一些刚断奶不久的狗，身体发育不完全，喝多了牛奶可能会脱水。所以看到可怜的狗，宁愿给它们喝水，都不要贸然喂牛奶！

很多人都知道羊奶是更适合猫狗的一种选择，但羊奶始终比牛奶少见且贵，而目前市场上也有一些宠物专用的牛奶产品，在购买使用之前建议先了解清楚这些经过特别处理的牛奶是如何科学地解决对应的潜在问题的，并且在少量试用之后观察狗的反应正常才持续给狗喂食。而一定不可以做的则是把你自己喝的牛奶制品，或者你给自己家的宝宝准备的婴儿奶粉冲给狗喝。

问题14
怎样挑选一只健康的狗？

回答 健康的狗应该活泼、有精神，食欲、排便均正常，具体有以下特征。

1. 眼睛明亮、灵活有神。可以在狗头部两侧用声音（比如打个响指）来测定它的听觉是否正常。

2. 鼻头湿润，眼、耳、鼻均干净，无分泌物（比如耳垢），耳内无臭味。

3. 眼黏膜、口腔黏膜和舌头颜色红润但无血丝（观察仔细一点），牙齿健康。

4. 狗全身不应有秃毛、皮屑、不正常发红、外寄生虫(虫类)、瘙痒等现象。

5. 让狗站着，摸摸它的全身，肋骨应可摸到但不应明显看到；腹部不宜过度膨大或鼓胀（不可能吃得那么胖吧）；腹下中央和鼠蹊部无肿块（以免是"疝气"）。

6. 轻轻举起狗的尾巴观察，肛门四周和尾巴应较干净，不要有一些奇怪的肉球或者破损处。

7. 狗的行动正常、灵活，无跛行，状态活跃（不建议选择过于活跃的狗，但是也不要选死气沉沉的狗）。

8. 对食物有强烈的欲望（胃口不好是有问题的）。

9. 无流涕或咳嗽症状。

当然，狗生活的环境也是参考因素之一，如果环境整洁无异味，其他狗都健康则最好。如果卫生状况很差，异味严重，其他狗的状态并不好，则建议三思。

问题15
在狗的生理期需要注意什么？

回答 初次养母犬的主人，应该了解的事情是它们的生理期。没错，狗也有生理期，而大部分主人一般都没有重视。那么接下来，我们来了解狗的生理期。

虽然笼统地称为生理期，但对于狗来说，生理期正确的说法应该是"发情出血期"，实际上和人类生理期的情况完全不同。正如"发情出血期"的名字一样，狗在发情期子宫里的血管分布变多，给人一种从那里流出血液的感觉。虽然存在个体差异，但大多数的母犬都会在出生后的4~12个月内完成性成熟，生殖器的功能在此期间也逐渐形成。小型犬有比大型犬性成熟慢的情况。

当母犬性成熟后，它们就会有发情期，在狗处于发情期时，会出现发情出血期。通常来说，母犬第一次发情时出血量较少，主人通常难以发现。发情出血期一般持续7～10天，但也存在个体差异，有的母犬3天就结束了，有的母犬最长可以持续18天。

从出血开始到发情期完全结束，一共需要1个月左右。一般认为母犬在第一次发情出血之后，平均每年会发情出血两次，小型犬有可能更频繁，大型犬也有可能一年只有一次。通常来说，发情存在季节性，一般出现在春天和秋天。如今家中冷气和暖气都能自由提供，所以发情的季节性也已经不太明显了。

在生理期，母犬除了出血以外还可能出现以下症状：阴部出现红色、阴部变得肿胀、频繁地舔阴部、没有精神和食欲、随地小便的次数增加、注意保护自己的腰部、心情变得不稳定、攻击性增强、比平时对公犬更有兴趣（不过还不能接受公犬）。当然，因为存在个体差异，既有症状严重的母犬，也有无症状的母犬。一般认为，母犬在这个时期不会像部分人类一样疼痛，不过也会有一些不一样的感觉。

进入发情期后（这个阶段出血已经结束），母犬就会接受公犬，具体来说，就是会闻公犬的气味、让公犬闻到自己的气味，和公犬追逐等。只要度过了这个时期，母犬的生活通常就会恢复原样，但也有极少数的母犬会出现假怀孕的情况。

主人应该在发情期到来之前带母犬去做阴部检查，认准发情期是很重要的。发情出血后才是真正的发情期，也就是母犬可以怀孕的时期。而这个时期也只有2~3天，非常短，所以在这之前要预先确定交配对象，并且在医院做好相关的检查。

如果主人不希望母犬怀孕，也需要做一些预防措施。其中最有效的是让公犬做去势手术，母犬做避孕手术。在发情期，外出散步的时候，尽量不让母犬和其他公犬近距离接触。另外，尿布可以防止分泌物污染地板。同时，不要看出血结束了就放松警惕，因为出血开始后的1个月内母犬都有可能怀孕。

问题16
狗晚上睡觉会不会怕冷？

回答 狗虽然一身毛发，但是在一些情况下，还是会怕冷的。狗离开了妈妈和兄弟姐妹之后，睡觉不能集体取暖了，在寒冷的天气，是可能会觉得冷的。当狗感觉冷的时候，会有几个比较明显的表现：它们会蜷缩在一个角落不愿意走动；睡觉时整个身体蜷缩起来，把头埋在肚皮里；有明显的身体发抖。

冬天给狗保暖，主人可以用以下4种方式。

1. 给狗充足的食物和水。冬天狗为了御寒，身体消耗的热量比较多，所以吃的东西也要充足。不用特地给狗加餐，但要保证有充足的食物和水并且规律喂食。

2. 给狗准备有毯子的狗窝。只要狗觉得冷，自然会进去睡觉，而如果它觉得不冷，会直接睡地板上。

3. 给狗穿衣服。主人买衣服的时候不要光顾漂亮，狗穿着舒服、合适才是最好的。切勿买太小的衣服，穿着太紧狗会难受，还容易摩擦毛发导致打结。不管是什么狗，穿衣服的时间都不要过长，以免闷太久导致皮肤病。

4. 给狗开暖气或者电热炉。家里门窗关好，不让冷风灌进来就会暖和许多。主人也可以开暖气，这是最安全的保暖方法。如果是使用电热炉这种集中热源，要注意把电热炉放在狗够不到的地方。不然狗会一直蹲在电热炉前面不肯走，有的会不知不觉被烫伤。

问题17
狗吃大便太恶心了，怎么办？

回答 可能大家都听过一句俗话"狗改不了吃屎"，而且也有部分主人会发现自己的狗有时真的会吃大便，难道这句俗话是真的吗？

其实，在自然界中，吃大便这种行为对动物来说只是天性使然，因为吃大便不仅可以保持清洁，还可以防止味道外泄。不过，狗吃大便虽然对自身健康影响不大，但如果将大便中的细菌沾染到其他家具上，就可能造成卫生问题；外出遛狗时，狗若是出现吃大便的举动，也可能让主人相当尴尬。所以如果能改善狗吃大便的行为，当然会比较好。

幼犬因为生理问题吃大便的情况会相对多一些，因为幼犬的消化系统尚未成熟，吃进肚子里的食物无法被完全分解，所以大便中仍然含有大量丰富的蛋白质，幼犬闻到大便里面的味道，就觉得很有食欲。如果是这种原因，随着消化系统的成熟，情况会逐渐好转。

除了幼犬之外，成年的狗也可能因为消化问题而出现吃大便的行为，这表明狗肠胃的吸收能力有问题，或者是体内有寄生虫，因此也让大便中残留了大量蛋白质。主人可以让狗改吃易消化的狗粮，以改善消化情况，同时要定期给狗驱虫。

有的主人看到狗在室内大便的时候，就会呵斥它甚至打它，但是时机往往都不对，这反而会产生副作用，会让狗产生错误的联想——"我拉大便是会被打的"。那么，狗在室内大便时，为了避免被骂，会在一些主人可能看不到的角落大便，也可能大便完之后直接吃掉——为了不被发现。

首先，我们可以从源头防止狗吃大便。狗排便完后，当狗离开，我们立即对大便进行清理，让狗接触不到大便。同样的，我们还可以把狗排便和休息的地方分开，让狗排便后自行离开排便区。如果主人既掌握不了狗的排便时间，也不知道该怎么处理，可以尝试给狗戴上口罩，让狗没有机会接触大便，但这个办法只能是权宜之计，并非长久方案。

其次，我们也可以尝试在狗的大便中加入一些药物，狗吃进去的时候药物没有什么特别味道，但经过肠道发酵之后就会有非常难以入口的苦味，让大便十分难吃，久而久之，狗也就不会吃大便了。

最后，当发现狗吃大便时，我们应该用狗更喜欢的东西，比如更高级的零食来吸引狗的注意，引导它忽略大便之后再进行清理，而不是直接去清理大便，否则狗会误以为你在抢它的食物。训练的技巧在于，让它知道只要它愿意放弃吃大便，那它就可以得到更好的东西。

狗吃大便的问题很多时候是可以解决的，一些主人的普遍观点或部分宠物医生给的说法是"可能狗缺乏一些微量元素。"但实际上目前没有检测或核实狗是不是缺乏微量元素的方法，也无法检测缺乏具体哪种和多少微量元素。因此，很多时候单纯地给狗补充微量元素，不能产生效果。而且在众多案例中，我们发现狗吃大便更多是因为狗无聊和主人的问题。所以，如果你的狗吃大便，先正视问题，再找对方法，最后持续训练，问题就可以轻松解决。